둘레길에 스토리를 입히다

알려드립니다 ___

본문 일부 이미지는 원주 신동복 화백과 원주 문화관광해설사 정태진, 원주시걷기여행길 안내센터 등에서 제공하였고, 나머지는 저작자의 자료입니다.

치악산 둘레길 지명유래와 역사 인물 그리고 문화유적 이야기

둘레길에 스토리를 입히다

초판 1쇄 인쇄일   2023년 12월 11일
초판 1쇄 발행일   2023년 12월 18일

글·사진   김영식
펴 낸 이   최길주

펴 낸 곳   도서출판 BG북갤러리
등록일자   2003년 11월 5일(제318-2003-000130호)
주소   서울시 영등포구 국회대로72길 6, 405호(여의도동, 아크로폴리스)
전화   02)761-7005(代)
팩스   02)761-7995
홈페이지   http://www.bookgallery.co.kr
E-mail   cgjpower@hanmail.net

ⓒ 김영식, 2023

ISBN 978-89-6495-280-1 03980

치악산 둘레길 지명유래와 역사 인물 그리고 문화유적 이야기

둘레길에 스토리를 입히다

김영식 글 · 사진

BG 북갤러리

들어가는 말

둘레길은 역사의 현장이며
향토 스토리의 보고다

길 경쟁 시대다. 건강 걷기 시대다. 전국 어딜 가도 둘레길 없는 곳이 없다. 마음만 먹으면 언제든지 어느 곳이든지 쉽게 걸을 수 있다. 길은 있는데 없는 게 하나 있다. 스토리다. 하드웨어는 있는데 소프트웨어가 없다니? 없는 게 아니라 있기는 있는데 발굴하고 정리해서 알려주지 않을 뿐이다. 왜 그럴까? 길 위에 스토리를 입히는 일은 들인 공에 비해 짧은 시간 안에 눈에 보이는 성과가 나타나지 않기 때문이다. 기다려주어야 하는데 기다릴 줄 모르는 것이다. 누군가는 언젠가는 해야 할 일이지만 아무도 하지 않는 이유다.

전국 지자체별로 둘레길을 만들었지만 많은 사람이 계속해서 찾아오는 길은 드물다. 호기심에 한두 번 찾고 다시 찾지 않는다. 왜 그럴까? 그 길만의 색깔과 스토리가 없기 때문이다. 색깔이 뭘까? 길 존재가치를 한마디로 정의하는 정체성이다. 스토리는 정체성에 걸맞는 이야기다. 전국 둘레길 중에서 길 정체성과 스토리를 제대로 갖춘 길이 몇 개나 되겠는가? 국내 이름 난 길을 걷고 온 자에게 뭘 보고 왔느냐고 물어보니 맛집과 풍경 사진만 보여준다. 이게 둘레길 현실이다.

걷기 흐름이 바뀌고 있다. 지금까지는 누가 얼마나 많은 길을 빠르게 걸었느냐가 자랑이었다면, 이제는 이야기 있는 길을 찾아가는 스토리 투어로 바뀌고 있다. 흐름을 반영하듯 지리산 둘레길 개척자 전범권은 "지난 10년은 걷는 데 의미를 두었지만 앞으로 10년은 자연과 마을 역사와 문화를 되새기는 스토리를 입혀 명품 길을 만들겠다."고 했다.

원주에도 둘레길이 있다. '원주 굽이길'과 '치악산 둘레길'이다.

필자는 2021년 원주 굽이길을 걸으며 길 위의 역사 인물과 문화유적 이야기를 정리하여 책으로 펴냈다. 졸저《섬강은 어드메뇨 치악이 여기로다》는 분에 넘치는 호평을 받았다. 책 발간 덕분에 강의도 했고 원주를 찾아오는 방문객을 대상으로 관광 홍보대사 역할도 했다.

2021년 6월 11개 코스 140km 치악산 둘레길이 완전히 개통되면서 스토리에 목말라하는 자가 늘어났다. 원주 굽이길에 이어 치악산 둘레길도 스토리를 정리하여 책으로 펴내 달라고 했다. 책을 낸다는 건 발품과 자료 수집, 발간비용에 이르기까지 넘어야 할 벽이 많다. 향토 둘레길 이야기는 공공의 영역이지만 공공의 지원을 받기는 낙타가 바늘구멍 들어가기보다 어렵다. 몇몇 곳의 문을 두드렸지만, 고개를 흔들었다.

포기하고 있던 즈음 2022년 원주시 비지정문화재 조사팀에 합류하지 않겠느냐는 제의가 들어왔다. 마침 잘 되었다 싶어서 팀장인 원주 토박이 이희춘 교수, 윤선길 교수와 함께 원주의 문화유적과 역사 현장 60여 곳을 돌아보며 많은 것을 보고 듣고 느끼며 배울 수 있었다. 동시에 원주수요걷기 회장을 맡아 매주 한 번씩 회원과 함께 원주의 길(치악산 둘레길, 원주 굽이길) 전 코스를 차근차근 걸으며 지명유래와 역사 인물, 문화유적을 살펴볼 수 있었다.

필자는 걷고 난 후 길 위의 역사 이야기를 사진과 함께 정리하여 밴드에 올렸다. 댓글이 수십 개씩 달리며 반응이 뜨거웠다.

"내 고장에 이런 역사 인물과 문화유적이 있는 줄 전혀 몰랐다. 그동안 내가 태어나고 자란 마을 지명유래도 모르고 살았던 게 부끄럽다."는 자도 있었고, "글을 읽고 내가 원주사람인 게 자랑스럽다. 혼자 보기 아까우니 정리하여 책으로 펴내 달라."는 자도 있었다. 몇 번이나 망설이다가 받아들이기로 했다.

이 책은 원래 원주 굽이길(원점회귀 코스)과 함께 담으려 했으나, 책 분량과 발간비용 등을 고려하여 아쉽지만 치악산 둘레길부터 먼저 펴내기로 하였다. 원주 굽이길 원점회귀 코스는 밤하늘 별처럼 보석 같은 이야기가 알알이 박혀있는, 묵혀두기 아까운 원고다. 머지않아 빛을 볼 수 있도록 많은 도움과 격려 부탁드린다.

필자는 치악산 둘레길을 마지막 코스부터 첫 코스까지 역방향으로 걸으면서 마을 지명유래와 역사 인물, 문화유적 이야기를 찾아내어 양념을 치고 버무려 정갈한 밥상을 차렸다. 밥상에는 천년 고찰과 고승, 운곡 원천석과 태종 이방원, 수레너미재와 동학 교주 해월 최시형, 싸리치와 단종유배길, 선조계비 인목왕후와 영원사 동자승, 말치와 보부상, 황장목과 원주목사, 황골 엿과 저승사자 이야기 등 흥미롭고 유익한 이야기가 곳곳에 들어 있다.

　　필자는 자료수집을 위하여 책에 등장하는 역사의 현장을 일일이 찾아다녔다. 양양 진전사 터와 여주 고달사 터, 문막 동화사 터, 소초 문수사 터 등 여러 폐사지를 다녀왔고, 여주 이포나루에서 영월 청령포까지 단종 유배길을 걸으며 단종의 마음을 헤아려 보기도 하였다. 운곡 원천석이 살았던 변암과 누졸재는 홀로 세 번이나 찾았으나 못 찾고 돌아오곤 했는데 비지정 문화재 조사팀 이희춘 교수와 동행하여 어렵사리 찾아볼 수 있었다. 운곡이 태종 이방원을 가르쳤던 각림사 터는 우체국 한 귀퉁이에 작은 표지석만 홀로 남아 쓸쓸함을 더했다.

　　둘레길은 역사의 현장이며 향토 스토리의 보고다. 책 발간을 계기로 치악산 둘레길만 아니라 다른 지역 둘레길에도 풍성한 이야기가 넘쳐나 걷기 문화가 한 단계 발돋움할 수 있었으면 좋겠다.

　　책이 나오기까지 많은 분이 도와주었다. 《원주 지명 총람》을 펴낸 김은철 교수는 두 차례 강의를 통해 지명유래에 눈뜨게 해주었고, 전 원주역사박물관장 이동진 선생과 옻칠기공예관장 김대중 선생은 운곡과 황장목에 관한 해박한 지식으로 필자의 부족함을 채워 주었다. 원주 문화관광해설사 양한모·목익상·정태진 선생은 오랜 경험에서 우러나온 조언과 함께 귀한 자료를 내어주며 가슴으로 격려해 주었다. 길 안내를 맡아 발품을 팔며 소중한 시간을 내어준 문막 토박이 양태화 선생, 원주문화원장 이상현 선생, 전 원주시 문화관광국장 신관선 선생께도 고마운 마음을 전한다. 2022년 원주시 비지정문화재 조사팀 이희춘 교수, 윤선길 교수, 구지현 교수의 노고도 잊을 수 없다. 출판계의 녹록지 않은 사정에도 불구하고 원고가 빛을 볼 수 있도록 받아준 도서출판 북갤러리 최길주 대표께 특별히 감사드린다. 책이 많이 팔려 마음의 빚을 조금이나마 갚을 수 있었으면 좋겠다.

2023년 11월 가을
섬강과 남한강이 몸을 섞는
은섬포 흥원창 정자에 앉아
김영식 쓰다.

차례

들어가는 말 _ 4

11코스 _ 한가터길   백팔염주 마디마다 님의 모습 담겼으니 _ 13

10코스 _ 아흔아홉골길   지켜보던 심마니도 박수를 쳤다 _ 37

9코스 _ 자작나무길   무쇠 터와 찰방고개 _ 51

8코스 _ 거북바우길   대통령과 솥뚜껑 바위 _ 65

7코스 _ 싸리치 옛길   단종의 애환 구름처럼 떠돌고 _ 79

6코스 _ 매봉산 자락길   순대국밥을 기다리며 나는 배웠다 _ 101

5코스 _ 서마니 강변길   행복하여라. 마음이 가난한 사람들! _ 113

4코스 _ 노구소길   살고 싶었던 만큼 죽고 싶었던 _ 125

3코스 _ 수레너미길   왕의 길, 동학의 길(1) _ 139

왕의 길, 동학의 길(2) _ 162

2코스 _ 구룡길   뭐라! 황장목을 베었다고? _ 183

특별코스 _ 운곡솔바람숲길   운곡의 시(詩)는 역사다 _ 199

1코스 _ 꽃밭머리길   황골엿과 저승사자 _ 227

재미있고 유익한 내 고장 불교 이야기 _ 246

참고문헌 _ 254

11코스 한가터길

국형사 계곡에서 한가터 주차장까지 뻗어있는 잣나무 숲길은 피톤치드와 세로토닌 가득한 사색의 길이자 치유의 길이다. 사계절 내내 시민이 즐겨 찾고 있다. 반곡역은 일제강점기 때 모습이 그대로 남아있어 국가등록 문화재로 등재되었고 똬리굴 공사 사진과 예술 작품이 전시되어 있다.

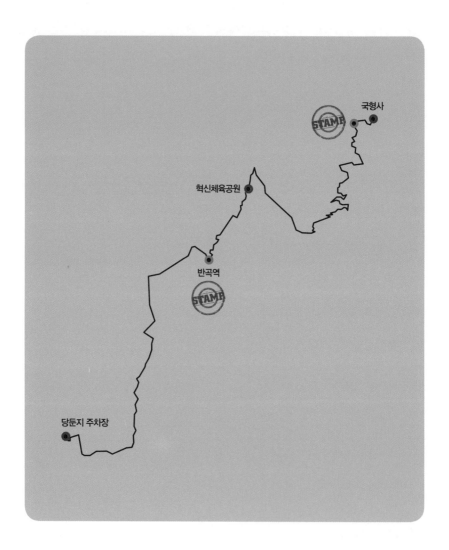

백팔염주 마디마다 님의 모습 담겼으니

불가에서는 인생을 '고통의 바다'라고 한다. 도무지 사는 게 힘들어 앞이 보이지 않고 막막할 때가 있다. 그럴 때 당신은 어떻게 하는가? 친구를 부르는가? 아니면 누군가에게 전화를 하는가? 조건이 있다. 무조건 내 말을 들어줘야 하고, 내 편이어야 하고, 비밀을 지켜줘야 한다. 부모와 부부를 제외하고 세상에 그런 사람이 몇 명이나 되겠는가?

시인 정호승은 천년 고찰을 찾으라고 했다.

'눈물이 나면 기차를 타고 선암사로 가라 / 선암사 해우소에 가서 실컷 울어라 / 해우소에 쭈그리고 앉아 울고 있으면 / 죽은 소나무 뿌리가 기어 다니고 / 목어가 푸른 하늘을 날아다닌다 / 풀잎들이 손수건을 꺼내 눈물을 닦아주고 / 새들이 가슴속으로 날아와 종소리를 울린다 / (……) / 눈물이 나면 선암사 해우소 앞 / 등 굽은 소나무에 기대어 통곡하라.'

천주교 신자인 정호승은 왜 천년 고찰을 찾으라고 했을까? 성당은 엄격한 아버지요, 절은 넉넉한 어머니다. 절은 찾아가면 보글보글 끓는 된장찌개에 고봉밥을 차려주는 고향 집 어머니요, 전화통을 잡고 몇 시간이고 속상한 얘기를 털어놓으며 넋두리할 수 있는 친정엄마다. 한국인의 마음속에는 불교 DNA가 있다.

치악산에는 천년 고찰 구룡사도 있고 국형사도 있다. '한가터길'은 부처도 만나고 잣나무 숲에서 심신도 치유하는 힐링의 길이다. '다랑이논이 쉰 개나 있었다.'는 '신월랑(新月郎, 쉰 다랑이)'을 지나자 국형사다. 모든 지명에는 역사성이 있다. 지명은 신이 내린다는 말도 있다. '쉰다랑이'가 '신월랑'이 되었다. 일제강점기 때 아름다운 우리말을 한자로 바꾸는 과정에서 왜곡한 것이다. 일제의 역사 왜곡은 지명에서도 어김없이 나타난다. 기막힌 일

국형사 입구 표지석

이지만 이제 와서 어떻게 하랴?

국형사 골짜기는 고문골이다.

오리나무가 많아 밖에서 안이 들여다보이지 않아서 난을 피해갈 수 있었다는 오리현에서 국형사까지는 '아랫고문골', 국형사에서 보문사까지는 '웃고문골'이다. 국형사(國亨寺) 옛 이름은 '고문암(古文庵)'이다. 유래 안내문에는 "원래 보문암이었는데 음이 변해 고문암이 되었다."고 했다.

국형사는 신라 경순왕 때 왕사였던 무착대사가 창건했고 숙종 6년(1680) 폐사되었다가 1907년부터 세 차례 고쳐 지었다. 국형사냐, 국향사냐? 절 이름을 둘러싸고 말이 많다. 누구는 "나라에서 제사 지내는 절로서 조선시대 관찬 기록과 사찰 중수기에는 국향사로 되어 있다."고 했고, 누구는 "국태민안의 '국', 만사형통의 '형' 자를 따서 국형사"라고 했다. 또 누구는 "국형사도 맞고 국향사도 맞다."고 했다.

2017년 원주시 발행 《원주의 불교문화재(상)》 88쪽을 보면 1971년 현판 사진은 국향사(國亨寺)다. 필자는 원주를 찾아온 외지인이 어느 것이 맞느냐고 물을 때마다 늘 곤혹스럽다.

조선은 제사를 규모에 따라 대사, 중사, 소사로 나누었다. 대사는 국왕이 직접 주관했으며 토지신과 농업신에게 지내는 사직 제사와 봄, 여름, 가을, 겨울 등 1년에 다섯 차례 지내는 종묘전이 있었다. 중사는 풍운뇌우, 선농, 선잠, 역대 시조에게 지내는 제사로서 종2품 이상 관리가 주관했고, 소사는 명산대천에서 지내는 제사로서 정3품 이하 관리가 주관했다. 성리학의 나라 조선은 오악과 명산대천에 단을 쌓고 산신에게 제사 지냈다. 오악 중의 하나가 치악산이다.

세종 2년(1420) 4월 27일 "중국에서 태산, 형산, 숭산, 화산, 항산을 오악이라 하므로, 우리나라에서도 백악산을 중심으로 치악산을 동악, 송악산을 서악, 관악산을 남악, 감악산을 북악으로 하여 사시(사계절)로 제사 지냈다."라고 하였다.

치악산 국형사에는 국태민안(國泰民安)을 위해 치악산신에게 제사 지내던 동악단이 있다. 동악단 제사는 소사로서 매년 봄, 가을 원주와 인근 고을 수령이 모여 제사 지냈고, 예조에서는 향과 축문을 보냈다.

《세종실록》 153권 지리지 강원도 원주목 조는 "명산 치악은 원주 동쪽에 있는데 봄, 가을로 향축을 내려 제사 지내는데 소사다."라고 했고, 세종 19년(1437) 3월 13일 "치악산은 소사이고, 사묘 위판은 치악지신이라 쓰고, 소재관(원주목사)이 제사 지내라."고 했다.

태종 이방원은 치악산을 특별히 챙겼다. 태종 14년(1414) 9월 14일 강무(군사훈련을 겸한 수렵) 차 원주에 왔다가 '내시별감을 보내 치악산신에게 제사 지내고 호종한 신하와 군사에게 3일 치 양식'을 주었으며, 이듬해 9월 28일에도 '내시별감을 보내 치악산신에게 제사' 지내게 하였다. 왜 그랬을까? 태종 이방원이 열세 살 때 집을 떠나 먼 산골짜기 치악산 각림사에서 과거 공부했던 시절 인연 덕분이 아니었을까?

국형사에는 조선 2대 임금 정종의 둘째 딸 숙신옹주(희희공주) 이야기가 전해온다. 세종 2년(1420) 1월 3일 기록에 따르면 정종은 부인 10명한테서 자녀 25명(아들 15명, 딸 10명)을 낳았다. 숙신옹주는 넷째 부인 숙의 기씨가 낳은 4남 2녀 중 첫째 딸로, 당시 불치병으로 알려져 있던 뇌짐(폐결핵)을 앓았다. 궁궐에서 명의를 동원해 아무리 치료해도 낫지 않자 어의 추천으로 치악산 고문암으로 내려왔다. 숙신옹주는 약수를 마시며 치악산신에게 백일기도를 드렸다. 맑은 약수와 정성스러운 기도 덕분인지 뇌짐이 씻은 듯이 나았다. 숙신옹주가 완쾌하여 환궁하자 정종은 크게 기뻐하며 퇴락한 고문암을 다시 지어주었다고 한다.

숙신옹주만 아니라 정종도 자주 아팠다. 원인은 여색과 스트레스, 운동 부족이었다. 정종은 아버지 이성계를 수행하며 왜구와 여진족을 물리치는 전장을 누볐던 강골 무인이었다. 강철같이 단단한 몸은 후궁과의 잦은 잠자리와 1·2차 왕자의 난을 겪으며 서서히 무너지기 시작했다. 정종은 수시로 설사병과 불면증에 시달렸다. 돌파구는 격구였다. 정종은 궁궐 안에서 매일같이 격구를 했다. 보다 못한 대사헌 조박이 말리자 격구하는 까닭을 밝혔다.

정종 1년(1399) 3월 13일 "과인은 본래 병이 있어서 잠저(국왕이 되기 전에 살던 곳) 때부터 밤이면 마음속으로 번민하여 잠들지 못하고 새벽에 잠이 들어 항상 늦게 일어났으므로, 숙부와 형제들은 나를 게으르다고 하였다. 즉위한 이후로 경계하고 삼가는 마음을 품어서 병이 있는 것을 알지 못했는데 요즘 다시 병이 생겨서 기운도 없고 나른하며 피부가 날로 여위어간다. 나는 무관 집에서 자랐기 때문에 산을 타고 물가에서 자며 말 달리는 게 습관이 되었으므로, 오래 들어앉아 있으면서 병이 생긴다. 잠시 격구 놀이를 하며 몸과 기운을 기르고자 하는 것이다."라고 했다.

정종에게는 곤룡포가 어울리지 않았다. 그는 동생 이방원에게 왕위를 물려주고 자유인이 되어 63세까지 살다 갔다. 조선왕 27명 평균수명은 46세로서 60세 이상 장수한 왕은 6명이었다. 숙종 60세, 정종 63세, 광해 67세, 고종 67세, 태조 74세, 영조 83세였다. 롤러코스터를 타며 불꽃 같은 삶을 살다간 태종 이방원은 56세였다.

국형사 돌계단에 올라섰다. 젊은 부부가 범종각을 들여다보고 있다.
부인이 물었다.
"여보, 종 밑에 왜 구덩이를 파 놓았을까?"
"⋯⋯."
"종 고리에 용 모양이 있는데 무슨 뜻이지?"
"⋯⋯."
"당신은 국형사에 온다고 며칠 전부터 공부한다고 난리를 피웠잖아. 빨리 얘기 좀 해봐."
남자 표정이 어두워졌다. 남자는 고개를 좌우로 흔들면서 말했다.
"잘 모르겠어. 공부를 하긴 했지만, 막상 들여다보니 뭐가 뭔지 하나도 모르겠어. 자꾸 묻지 말고 빨리 사진이나 찍고 내려가자고⋯⋯."

이건 남의 일이 아니다. 필자도 그랬다. 몇 년 전만 해도 까막눈이었다.

범종각만 아니라 일주문이 뭔지, 불이문이 뭔지, 사천왕문이 뭔지 하나도 몰랐다. 부처와 보살, 석탑과 승탑, 금강경과 화엄경, 조계종과 태고종도 구분하지 못했다. 그게 그것 같고, 어디 물어볼 데도 마땅치 않았다. 답답해서 몇몇 문화유산 답사기를 읽어봤지만, 수준이 너무 높아 초심자가 읽기엔 버거웠다. 여기에 나오는 절 이야기는 채사장의《지적 대화를 위한 넓고 얕은 지식》, 탁현규의《아름다운 우리 절을 걷다》, 조계사 청년회《사찰의 이해》, 원주시 문화관광해설사 목익상의 불교 강의 등을 참고했다.

 천년 고찰은 무지개다리, 일주문, 금강문, 천왕문, 불이문, 대웅전으로 이어지지만, 국형사는 터가 좁아 일주문도 없고, 사천왕문도 없고, 불이문도 없다. 범종각, 설법전, 대웅전, 수광전 순으로 돌아보는 게 좋다.

 다시 국형사 범종각 이야기로 돌아가자. 범종각(2층이면 범종루)에는 불전 사물이 있다. 법고, 목어, 운판, 범종이다. 법고는 땅 위에 사는 중생이 북소리를 듣고 해탈하기 바라는 마음이다. 한쪽은 암소 가죽으로, 한쪽은 황소 가죽으로 만든다. 목어는 물속에 사는 중생이 해탈하기 바라는 마음이다. 나무로 만든 물고기로서 비어있는 뱃속에 나무 막대기 두 개를 넣고 앞뒤로 움직이며 배 안쪽을 친다. 운판은 공중을 나는 중생이 소리를 듣고 해탈하기 바라는 마음이다. 청동으로 만든 구름 모양 판이며 나무망치로 가운데를 두드린다. 범종은 땅, 바다, 하늘에 사는 모든 중생의 해탈을 기원한다. 범종은 새벽예불과 저녁예불 때 친다. 새벽에는 28번, 저녁에는 33번이다.

28번과 33번 치는 이유는 뭘까? 불교에서는 무지와 미혹 때문에 부처 지위에 도달하지 못하고 생사를 반복하는 중생들이 사는 세계를 삼계(三界)라고 하며, 욕계, 색계, 무색계가 있다. 욕계에는 육도라고 하는 지옥도, 아귀도, 축생도, 아수라도, 인간도, 천상도가 있으며, 천상도에는 사왕천, 도리천, 도솔천 등 6천(天)이 있다. 색계에는 범중천, 선견천 등 18천이 있고, 무색계에는 무소유천 등 4천이 있다. 새벽예불 때는 삼계 가운데 욕계 천신도 6천과 색계 18천, 무색계 4천 등 28천 중생 구제를 위해 종을 28번 치고, 저녁예불 때는 수미산 꼭대기의 도리천 왕 제석천을 중심으로 사방 32개 성에 살고 있는 중생의 구제를 위해 33번 친다. 불교에서 중생은 업과 번뇌의 정도에 따라 죽은 후 육도를 윤회하며 생사를 반복한다. 중생이 육도윤회에서 벗어나 일체의 고통이 없는 세계로 들어가는 것을 열반이라 한다. 불전 사물은 법고, 목어, 운판, 범종 순으로 치며, 북, 장구, 꽹과리, 징으로 이루어진 사물놀이의 기원이 되었다.

예산 덕숭산 수덕사 당목. 고래 모양이다.

범종 고리는 용뉴다. 다른 이름으로 '포뢰'다. 포뢰는 용왕의 셋째 아들이다. 큰 소리로 울기 좋아하고 고래를 무서워해서 가까이 오면 '고래고래 소리 지른다.'고 한다. 범종을 치는 '당목'을 '고래'라고 하는데 예산 덕숭산 수덕사 당목이 유명하다. 옛날에는 당목을 고래 뼈로 만들었다고 한다.

용에게는 아들 아홉 명이 있다. 이익의 《성호사설》 용생구자설에 나오는 이야기다. 첫째는 비희다. 무거운 걸 들기 좋아한다. 비를 세울 때 받침돌(귀부)에 모양을 새겼다. 치악산 구룡사 입구 다리 밑에 있다. 둘째는 이문이다. 높은 곳에 올라가 멀리 바라보는 걸 좋아한다. 기와지붕이나 비석 머리(이수)에 모양을 새겼다. 셋째는 포뢰, 넷째는 폐안이다. 호랑이를 닮았으며 위엄과 정의를 상징한다. 관청이나 감옥 문에 새겼다. 다섯째는 도철이다. 먹고 마시는 걸 좋아해서 그릇이나 제기에 새겼다. 여섯째는 공복이다. 물가에 살면서 물길 따라 들어오는 잡귀를 막는 걸 좋아해서 물길이나 다리 앞에 세웠다. 치악산 구룡사 입구 다리 좌우에 있다. 일곱째는 애자다. 천성이 강직하다. 싸우고 죽이기를 좋아해서 칼자루에 새겼다. 여덟째는 산예다. 불과 연기를 좋아해서 향로나 화로에 새겼다. 아홉째는 초도다. 꽉 막힌 성격이며 숨기를 좋아해서 큰 집 대문이나 문고리에 새겼다.

범종각을 지나자 설법전 앞에 뚱뚱한 배불뚝이 스님이 큰 배를 내밀고 허허롭게 웃고 있다. 포대화상이다. 지팡이 끝에 자루를 둘러메고 다녔으며 미륵불의 화신으로 불린다. 포대화상은 당나라 때 명주 봉화현 사람이다. 법명은 계차(契此), 호는 장정자다. 당이 망하고 5대 10국 시절, 전국을 떠

포대화상의 넉넉한 표정에서 부처님의 자비가 느껴진다.

돌며 탁발한 음식과 물건을 아이들에게 나눠주며 어린이 친구가 된 스님이다. 뚱뚱한 몸집, 웃는 얼굴에 배는 풍선처럼 늘어졌다. 자루 안에 장난감과 과자를 넣고 돌아다니며 아이들에게 나눠주었다. 아이들이 스님 배를 만지며 장난을 쳐도 허허대며 웃기만 했다. 뭐든지 주는 대로 먹고, 땅을 방바닥 삼고 구름을 이불 삼아 드러누워 코를 골았다. 누구든지 차별 없이 어울리며 불법을 가르쳤다.

'어린이가 나에게 오는 것을 막지 마라. 사실 하늘나라는 이런 어린이와 같은 사람들 것이다.'

성경 마태오 복음 19장에 나오는 말이다.

포대화상은 '불교판 산타클로스 할아버지'다. 법명 계차처럼 이번(此) 생에서 맺은(契) 인연을 다하고 출가했던 명주 악림사에서 가부좌를 튼 채 열반했다.

절 중심은 대웅전이다. 대웅은 석가모니 부처다. 대웅전은 석가모니 부처가 설법한 영취산 모임을 재현한 집이다.

탁현규는 《아름다운 우리 절을 걷다》에서 "한국 절 가운데 대웅전의 으뜸은 예산 수덕사 대웅전이다. 지은 지 700년(1308)이 넘은 목조건물 맞배지붕으로 간결미와 장엄미를 자랑한다."라고 했다.

아미타 부처의 극락정토를 재현한 집은 극락전, 약사여래부처의 유리광정토를 재현한 집은 약사전이다. 국형사 대웅전에는 석가모니 부처 좌우로 문수보살과 보현보살이 있고, 부처 뒤에는 영산탱(석가모니 부처가 영취산에서 설법하던 모습)이 있다. 대웅전을 내려오니 돌계단에 사자와 코끼리가 절 입구를 바라보며 앉아있다. 사자는 지혜를 상징하는 문수보살, 코끼리는 수행과 실천을 상징하는 보현보살이다. 보현보살은 인간수명을 연장해 주는 권한을 가졌다고 '연명보살'이라 부르기도 한다.

수광전에는 아미타부처와 협시보살인 관세음보살과 지장보살이 앉아있다. 신중탱화(불법을 수호하는 호법신을 묘사한 그림)와 예불용 작은 범종도 걸려있다. 탱화 좌우에는 사천왕이 있고, 부처 설법을 잘 알아듣는다는 늙은 제자 가섭과 젊은 제자 아난존자도 있다.

석가모니 부처에게는 뛰어난 제자 10명이 있다. 영취산에서 설법한 법화경에 아라한(줄여서 '나한'이라 부르며 인간이 수행해서 올라갈 수 있는 가장 높은 단계)으로 불리는 제자 1,250명이 나온다. 1,250명 가운데 설법을 잘 알아듣는 제자는 20명이었다. 유마경은 20명 가운데 8명을 고르고, 아나율과 우바리를 넣어서 10명으로 줄였다. 10명은 출가한 순서이며 나이순이다. 불국사 석굴암 석가모니 부처 좌우에 제자 모습이 새겨져있다. 오른쪽에는 1~5대 제자, 왼쪽에는 6~10대 제자가 저마다 다른 표정과 자세로 대칭을 이루고 있다.

1대 제자는 지혜 제일(第一) 사리불, 2대 제자는 신통력 제일 대목건련, 3대 제자는 거리에서 밥을 얻는 탁발(두타) 제일 대가섭, 4대 제자는 대승불교 핵심인 공(空)을 잘 이해했던 해공(解空) 제일 수보리, 5대 제자는 설법을 잘해 불교 전파 일등공신 부루나, 6대 제자는 부처 말씀 최고 해설자 논의(論義) 제일 가전연, 7대 제자는 석가모니불 사촌 동생으로 용맹정진하다가 눈이 멀어 과거, 현재, 미래를 보는 눈이 열린 천안(天眼) 제일 아나율, 8대 제자는 출가 전 석가모니불 가족 이발사였으며 석가모니불 열반 후 율장(계율을 모아놓은 경전) 편찬 책임을 맡았던 지계(持戒) 제일 우바리, 9대 제자는 석가모니불 아들이며 아버지에게 누를 안 끼치려고 남모르게 수행했던 최고 미남자 밀행(密行) 대가 라후라, 10대는 석가모니불 마지막 25년을 함께하며 설법을 모두 듣고 외웠으며 뛰어난 기억력으로 경전 편찬 일등공신이 된 다문(多聞) 대가 아난이다. 석가모니불 열반 후 불교 교단은 이들이 이끌어가게 되었다.

국형사 마당에는 왼손에 정병을 들고 이마에 아미타부처를 모신 보관을 쓰고 있는 관세음보살이 시내를 바라보며 서 있다. 관세음보살은 천 개의 손을 가지고 중생이 원하는 33가지 모습으로 나타나 번뇌와 질병을 치유해 준다고 한다. 관세음보살을 주불로 모신 4대 관음 도량은 여수 향일암, 남해 보리암, 강화 보문사, 양양 낙산사 홍련암이다. 관세음보살이 주불인 절에서는 대웅전을 원통보전이라 하고, 주불이 아닌 절은 관음전이 따로 있다. 양양 낙산사에는 대웅전 대신 관세음보살을 모신 원통보전이 있다.

국형사에는 산신각이 없다. 동악단을 같이 쓰고 있다. 절이 들어오기 전에는 산신이 주인이었다. 절이 들어와서 떡 하니 안방을 차지하니 산신은 갈 곳이 없었다. 명산에는 큰 절이 있고, 큰 절에는 산신각이 있다.

탁현규는 "절에서 산신을 모시는 것은 '한국불교의 포용력'"이라고 했다.

한국의 산신은 호랑이다. 호랑이가 백발 할아버지 모습으로 변신했다. 산신각에는 탱화만 봉안한다. 탱화에는 할아버지가 호랑이와 동자를 거느리고 있다.

치악산은 산신이 두 명이다. 왜 그럴까?

원주 문화관광해설사 목익상은 "치악산은 남북으로 길게 이어져 있어 남쪽은 남자 산신이 맡고, 북쪽은 여자 산신이 맡고 있다."고 했다.

국형사 입구에 승탑이 있다. 종 모양이다.

유홍준은 《나의 문화유산답사기》 6권에서 "승탑은 스님이 입적하면 화장해서 모시는 묘비다. 고려 때까지만 해도 고승에 한해 승탑에 모셨다. 임진왜란 후 조선불교가 부흥하면서 승탑이 유행했다. 형식도 팔각당에서 종 모양, 연꽃봉오리 모양, 달걀 모양으로 간소화되고 변형되었다."라고 했다.

국형사 석우당 보현대선사 승탑. 신륵사 나옹화상 승탑부터 종 모양이 나타나기 시작했다. 이전까지는 팔각원
당형이었다.

　승탑은 부도다. 선종의 산물이다. 선종과 팔각원당형 승탑 원조는 양양
진전사에서 입적한 신라 도의선사다. 도의선사는 35년간 당나라에서 유학
하고 돌아왔다. 나라 꼴이 말이 아니었다. 교종은 중앙귀족과 한몸이 되어
권력에 취해 있었고, 백성은 못 살겠다고 아우성이었다. 보다 못한 도의선
사가 칼을 빼 들었다. "왕즉불이 아니라 자심즉불이다. 누구든지 마음만 먹
으면 부처가 될 수 있다."고 했다. 지방호족과 백성은 환호했으나, 중앙귀
족과 교종 승려는 "'마귀의 말(魔語)'을 하는 자"라고 하며 '미친놈' 취급을
했다. 이대로 있다간 언제 죽을지 몰랐다. 목숨의 위협을 느낀 도의는 서라
벌을 떠나 설악산 화채봉이 바라보이는 깊은 산골 강원도 양양군 강현면 진
전사로 숨어들었다.

도의선사 선종 법맥은 2대 염거화상과 3대 체징으로 이어졌다. 염거화상은 설악산 억성사(정확한 위치는 알 수 없음)에 머물다가 원주 안창리 흥법사에서 입적했다. 일제강점기 때 도굴꾼이 흥법사 터에서 가져간 염거화상 승탑은 용산 국립중앙박물관에 보관되어 있다. 일부 학자는 염거화상 승탑이 있던 자리가 도의선사가 입적한 양양 진전사 터라고 주장하지만, 도굴꾼이 훔쳐 온 장소를 딱 집어 말했는데 더 이상 무슨 말이 필요하겠는가? (유홍준,《나의 문화유산답사기》8권, 400~401쪽 참조)

문화재청은 말이 들끓자 염거화상 승탑에 전할 '전(傳)' 자를 붙여 '전 흥법사 터 염거화상 승탑'이라 하였다. 2대 염거화상 법맥을 이어받은 3대 체징은 신라 하대 구산선문의 첫 선문인 장흥 가지산파(보림사) 문을 활짝 열어젖혔다. 도의선사, 염거화상, 체징으로 이어지는 선종 법맥은 흥법사 진공대사로 이어졌다. 도의선사 승탑은 연꽃 받침대에 팔각원당을 얹어 신라 하대에서 고려 초에 이르는 승탑 모델이 되었다. 팔각원당형 승탑이 종 모양으로 바뀌게 되는 건, 여주 신륵사에서 입적한 나옹화상 때부터다. 고려 우왕 5년(1379) 세워진 나옹화상 승탑은 이후 조선 시대 승탑 모델이 되었다. 나옹화상 승탑 비문은 이색이 지었고, 승탑 건립 행사에는 치악산에 살던 운곡 원천석도 다녀갔다. 운곡은 나옹선사와 친했고, 나옹선사 승탑 건립 실무를 맡았던 각굉은 치악산 상원사 무주암에 있을 때 운곡과 편지를 주고받으며 가까이 지냈던 인물이다. 고려시대도 두세 다리만 건너면 이리저리 다 연결되었던 네트워크 사회였다.

여주 신륵사 나옹화상 승탑. 조선시대 승탑 모델이 되었다.

　국형사 골짜기로 들어섰다. 물살이 맑고 세차다. 숲에 들기만 해도 기분
이 좋아지고 말길이 열린다.

　안오릿골 정상이다. 오리현은 오리촌, 오리골로 불리다가 '오리'라는 이름
이 탐관오리가 연상된다고 조선 말엽 '오리현(梧里峴)'으로 고쳤다고 한다.
마을 모양이 함지박처럼 둥글고 오목하게 생겼다고 '함지박 마을'로 부르기
도 한다. 오리현천은 행구동과 반곡동 경계다. '영랭이' 앞을 흐른다고 다른
이름으로 영랑이내, 영랑천이다. 영랭이는 '너르내 사거리' 남동쪽 넓은 들
판 마을이다. 《조선지지자료》는 '영낭이'라 하였다. 영랑천은 섬강과 남한강
을 지나 서해까지 이어진다.

　잣나무 숲길이다.

도심 가까운 곳에 이런 숲길이 있다는 건 축복이다. 숲이 내뿜는 피톤치드와 세로토닌은 성인병 치료에 특효약이다. 숲이 명의다. 필자는 숲길을 걷고 싶을 때 한가터 잣나무 숲길을 왕복하곤 한다. 복잡했던 머리가 맑아지고 기분이 상쾌해진다.

원주시걷기여행길 안내센터장 전덕수는 "2022년 치악산 둘레길을 다녀간 사람은 35만 5,519명인데, 1위는 1코스 꽃밭머리길로 13만 5,245명, 2위는 한가터길로 13만 4,632명이었다."고 했다.

한가터 잣나무 숲길. 원주를 찾는 외지인에게도 관광명소가 되었다.

한가터 주차장이다.

'한가터'에서 '한'은 크다는 뜻이다. 주차장 동쪽 골짜기에 넓고 큰 터가 있다고 '한터'라고 했는데 '한가터'가 되었다. 한 씨가 모여 살았고 곡식이 잘되어 '작은 북간도'로 불렸다는 말도 있다.

무네미 식당이다. 무네미는 흥업면 매지리 무수막마을과 함께 '물가 마을'이란 뜻이다. 흥업면 매지리에 '무수막' 마을이 있다.

무네미 식당 근처에 사는 노인은 "물이 넘어왔다고 무네미다. 옛날에는 큰비만 오면 개울물이 넘쳤다."고 했다.

개울물이 넘치던 곳에 저수지가 생겼고, 저수지는 낚시터가 되었다. 신선 낚시터다. '신선'은 한가터 선바우(立石)골 정상, 선바위에서 유래했다. 무네미 저수지를 낚시터로 바꾸면서 선바위 이름을 차용하여 신선낚시터라 이름 지은 것이다. 원래 선바위는 '선녀바위'였다. 애달픈 이야기가 전해져 온다.

옛날 한가터에 홀어머니를 모시고 사는 선녀와 길동이 남매가 있었다. 집안이 가난하여 산나물로 근근이 먹고 살았는데 어머니가 병들어 눕고 말았다. 지나가던 노스님이 울고 있는 남매를 불쌍히 여겨 33가지 약초를 구해 달여 먹이면 된다고 알려주었다. 남매는 32가지 약초는 구했으나 바위에서 자란다는 모연실이라는 약초는 구할 수 없었다.

어느 날 동네 사람한테 선바위에 모연실이 있다는 말을 들은 남매는 천신만고 끝에 바위에 올랐다. 가까이 가서 살펴보니 약초는 모연실이 아니었고 모연실을 닮은 풀이었다. 선녀는 크게 실망하여 다리가 풀리면서 벼랑에서 미끄러졌다. 옆에 있던 오빠 길동은 선녀를 붙잡으려다 함께 떨어지고 말았다.

다음 날 동네 사람이 선바위 밑에 쓰러져있는 남매를 발견하고 노모에게 달려가 소식을 전했다. 소식을 들은 노모는 순간 병석에서 벌떡 일어나 선바위 밑으로 달려갔다. 노모는 쓰러진 남매를 붙잡고 대성통곡했다. 그런데 죽은 줄로만 알았던 길동이가 눈을 뜨는 게 아닌가. 길동이는 선녀 몸 위에 떨어지는 바람에 살았던 것이다.

노모는 죽은 선녀를 생각하며 매일 같이 바위 밑으로 달려가 엉엉 울다가 그만 죽고 말았다.

이후 동네 사람들은 선바우를 '선녀바위'로 불렀다고 한다.

뒷골공원 선사유적지다. 빗살무늬토기와 집터, 돌덧널무덤 모형이 눈에 띈다. 2008년 3월부터 2010년 10월까지 원주혁신도시 건설예정지 문화재 발굴조사 때 북동쪽과 남서쪽 등 세 곳에서 나온 신석기시대 주거지 모형이다. 4,500여 년 전(기원전 2500년) 반곡동에 살았던 조상들이 남긴 흔적이다. 현 푸른숨 휴브레스와 중흥S클래스 아파트 자리다.

전 원주역사박물관장 박종수는 "흥원강이 바라보이는 양지바른 언덕에 살던 용기 있는 몇몇 사람이 섬강을 거슬러 올라와 지정면에 정착하기도 하고, 호기심 강한 몇몇은 다시 원주천을 거슬러 올라와 먹을거리와 물이 풍부한 반곡동 혁신도시에 보금자리를 마련한 것으로 보인다. 신석기시대 조상은 방이 하나였고, 집안에서 난방과 요리할 수 있는 노지를 설치하여 음

원주혁신도시 신석기시대 선사유적지 빗살무늬토기 모형

식을 만들어 먹었고, 실을 뽑아 옷감을 짜고 옷을 만들어 입었다."고 했다.

원주혁신도시 건설현장에서 발굴된 유적은 원주역사박물관에 보관되어 있다.

반곡역이다.

1941년 일제강점기 때 문을 연 중앙선 간이역이다. 2007년 문을 닫았다가 2014년 혁신도시가 생기면서 다시 문을 열었고 원주~제천 간 복선전철 개통으로 2021년 1월 5일 역사 속으로 사라졌다. 역 울타리에 '똬리굴 공사 모습'을 담은 사진이 남아있다. 역 마당에는 '똬리굴' 모형과 '조선인 노동자'를 상징하는 조각품이 전시되어 있다. 똬리굴은 일제강점기 때 치악산 고도차(100m → 62m) 극복을 위해 360도 회전하면서 뚫은 굴이다. 높이가 백 척(33m)이 넘는다는 백척교는 교각만 남아있다. 똬리굴과 백척교 공사에는 조선인 노동자가 동원되었다. 수맥이 터지고 줄이 끊어져 머리가 깨어지고 팔다리가 잘려나갔다.

똬리굴과 백척교는 나라 잃은 백성이 피눈물과 목숨으로 쌓아 올린 참혹했던 시간의 궤적이다. 무참했던 역사를 아는지 모르는지 1941년 개통 때 심었다는 옛 역사 앞 왕벚나무에는 해마다 봄꽃 잔치가 벌어진다.

한국관광공사를 바라보며 버들초등학교로 향했다. 버드나무가 많았다고 버들만이, 한자로 유만동(柳萬洞)이다. 가까운 환경청 사거리에 입춘단이 있었다. 24절기 중 첫째 절기인 입춘에 풍년 기원제를 지내던 곳이다. 입춘단은 다섯 칸 기와집으로 사방에 흙과 돌담을 치고 동쪽으로 문을 냈다고 한다.

영조 36년(1760) 《여지도서》 원주목조에 "입춘단은 고을 동쪽 4리 영랑촌에 있다. 원주 고유 풍속으로 입춘에 토우(土牛, 흙으로 빚은 소)를 만들어 풍년을 기원했다. 지금은 없어져 제를 지내지 않는다." 라고 했다.

토우는 다산과 풍요를 상징한다. 소머리에 사람 몸인 농사의 신인 신농씨를 본떠 만들었다.

신라시대 토우(土牛)

운곡 원천석의 시에도 토우가 등장한다.

'토우승요기초경(土牛乘曉起初耕, 토우도 새벽에 일어나 첫 밭 갈기를 시작하네).'

'입춘 토우'는 묵은해를 보내고 새해를 시작하는 민속행사였다.

조상들은 소를 '생구(生口)'라 부르며 식구처럼 생각했다. 송아지가 태어나 5~6개월 지나면 코뚜레를 걸고 고삐를 매었고, 1년 정도 자라면 멍에를 씌우고 빈 달구지를 걸어 끌어 보게 하거나 쟁기를 걸어 밭을 갈게 하였다. 여름에는 밖으로 나가 풀을 베어 먹이고, 겨울에는 짚으로 소죽을 끓여 먹였다. 가족 같았던 소는 1970년대 농기계가 등장하면서 차츰 사라지고 육우(特牛)가 빈자리를 차지하기 시작했다.

《삼국사기》 신라 지증왕 3년(502) "소가 쟁기를 끌어 밭을 갈았다."라는 기록을 시작으로 토우를 빚어 풍년을 기원했던 입춘단 흔적은 혁신도시 건설로 역사 속으로 사라지고 말았다.

삼보골이다.

《한국지명총람》은 "산도 좋고 물도 좋고 인심도 좋다는 삼보동(三寶洞)" 이라고 했다.

"큰 부잣집 세 집이 있어서 '삼부골'이었는데 음이 변해 삼보골이 되었다."는 말도 있다.

섭재슈퍼 삼거리다. 섭재, 당둔지, 삼보골이 갈린다. 섭재는 '숲이 우거진

치악산 해미산성 터. 버려진 장소에 깃든 역사와 이야기를 끄집어내야 한다. 영원산성, 해미산성, 금두산성을 잇는 3대 산성길을 만들어보면 어떨까?

성터 마을'이다. 섭은 숲, 성터는 '해미산성'이다. 섭재는 '버덩섭재'인 '웃섭재'와 '둔덕섭재'인 '아랫섭재'가 있다. 섭재는 해미산성 출입구였다.

해미산성은 영원산성, 금두산성과 함께 원주가 자랑하는 3대 산성이다. 해미산성 골짜기에는 산성에 딸린 감옥소로 추정되는 '옥개울'도 있다. 금두산성은 금대리 뒤에 있다고 '금후산성', '금뒤산성'으로 불리다가 '금두산성'이 되었다. 금대리는 금두산성 중심 마을이었다. 영원산성, 금두산성, 해미산성을 잇는 '3대 산성길' 탐방로가 생겼으면 좋겠다.
"사막이 아름다운 것은 어딘가에 샘을 감추고 있기 때문이다."
생텍쥐페리의 《어린 왕자》에 나오는 말이다.

후기

2022년 여름 원주시 비지정문화재 조사팀(팀장 이희춘)과 함께 영원산성, 금두산성, 해미산성을 두 차례 답사했다. 가시에 찔리고 긁히면서 풀더미를 헤쳤다. 성벽 따라 금두산성 둘레를 돌며 산성 규모를 확인할 수 있었고, 우물터와 허물어진 성벽을 찾았을 때 기쁨으로 벅차올랐다. 이희춘 교수는 "세 개 산성은 삼각형으로 이어져 전시 방어와 공격에 유용하게 활용할 수 있었을 것으로 추정된다."고 했다. 2022년 11월 원주시는 해미산성 아래 세교길과 세교마을을 '해미산성길'과 '해미산성마을'로 바꾸었다.

10코스 아흔아홉골길

골이 아흔아홉 개나 될 만큼 깊다. 입구는 좁지만, 안에 들어서면 크고 작은 계곡이 부채처럼 펼쳐져 있다. 백운산 낙맥인 500m급 능선과 뒷들이골 따라 다양한 수종이 모여있는 숲을 만나게 된다. 낙엽송 군락지가 많아 장관을 이룬다.

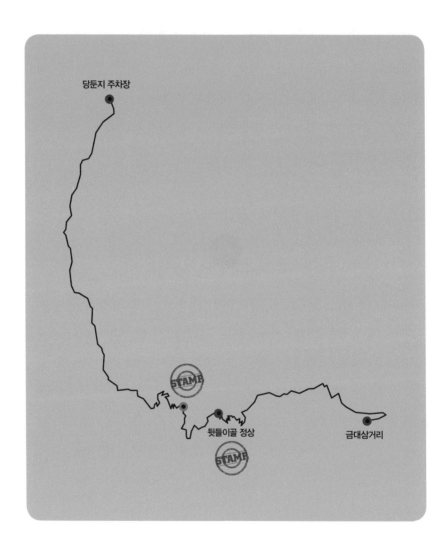

당둔지 주차장

STAMP

뒷들이골 정상

금대삼거리

STAMP

지켜보던 심마니도 박수를 쳤다

소슬바람 따라 가을이 왔다. 계절은 가장 먼저 소리로 오고, 냄새로 오고, 색깔로 온다. 모기도 입이 비뚤어진다는 처서를 지나자 풀벌레 소리 점점 크게 들리고 공기도 선뜻선뜻하다. 땀 냄새를 맡고 집요하게 달려들던 날파리도 자취를 감추고, 습기를 머금었던 끈적끈적한 공기도 날렵해졌다.

가을은 걷기의 계절이다. 옛날 당집이 있었다는 당둔지에 열두 명이 모였다. 옛 소방서 부근에서 걸어온 자도 있고, 기업도시에서 차를 몰고 온 자도 있다. 다들 "너무 시원해서 잠을 잘 잤다. 이젠 새벽에 추워서 이불을 꺼내 덮는다."고 했다. 뜨거운 여름이 있었기에 가을이 얼마나 고마운지 알 수 있다. 매일 햇볕만 비치면 사막이 된다.

판부면 신촌리다. 도로를 경계로 관설동과 판부면이 갈린다. 판부면은 판제면과 부흥사면 앞글자를 따서 지었다. 판제면은 단구동, 금대리, 서곡리,

무실동 지역으로, 옛 소방서에서 남송사거리에 이르는 '너더리'에서 따왔다. 너더리는 '넓다.', '너르다.'는 뜻이다. 부흥사면은 흥양리, 행구동, 반곡동, 관설동 지역으로, 소초면 흥양리에 있었던 고려시대 '부흥사'라는 절 이름에서 따왔다. 흥양리 1164-4번지에는 부흥사 터 석탑재가 남아있다.

댐 공사가 한창인 신촌으로 향했다. 건너편 신촌 막국수 집이 눈에 띈다. 허름한 옛집이었는데, IT 기술과 내부 리모델링으로 매장 분위기를 일신하자 손님이 크게 늘었다. '바람 불 때 연 날리라.'고 모든 건 때가 있다. 때에 맞춰 선택하고 결단하는 건 사장의 몫이다. 모든 사장은 매 순간 선택에 직면한다. 사장으로 산다는 건 쉽지 않은 일이다.

원주의 술, 모월 양조장이다. 원주 쌀 토토미로 만든 술이다. '2020년 대한민국 우리 술 품평회'에서 대통령상을 받았고, '2021년 농림축산식품부

신촌리는 원주댐 공사로 마을 절반이 수몰될 예정이다. 정겨웠던 마을 풍경은 이제 역사가 되었다.

찾아가는 양조장'에 선정되었다. 값싸고 전통 있는 치악산 막걸리와 보완 관계다.

원주천 댐 공사 차량이 쉴 새 없이 오간다. 신촌천은 원주천과 섬강을 지나 흥원창에서 남한강과 몸을 섞어 한강을 지나 서해로 나아간다. 홍수 조절과 하천 유량 유지용 댐이다. 댐 규모는 높이 50m, 길이 265m, 저수 용량 1천8백만 m²다. 댐이 건설되면 관광시설도 들어선다. 수몰예정지에 도로가 나면서 땅값이 올랐다. 땅 얘기가 나오자 화제가 뜨겁다. 누구는 "서울 살다 내려와서 양안치 너머 맹지를 샀는데, 집도 못 짓고, 팔지도 못하고, 세금만 두들겨 맞았다."고 툴툴거렸다.

결국 돈 얘기다. 돈에도 밀물과 썰물이 있다. 2021년 치악산 둘레길 걷기 때 도반한테 들은 얘기다. 그는 한때 큰 부자였다고 했다.

"돈이 들어올 때는 갈퀴로 긁듯이 쓸어 담았지만, 나갈 때는 손가락 사이로 모래 빠져나가듯이 순식간에 사라지더라. 없을 때는 10억 원만 있으면 소원이 없겠다고 했는데 막상 갖고 보니 잠도 잘 안 오고, 세금, 상속, 소송 등 걱정거리만 계속 늘어나더라. 지금은 남한테 손 벌리지 않을 정도만 가지고 편안하게 산다."

재산이 많으면 돈 냄새를 귀신같이 맡고 파리 떼가 달려든다. 변호사 엄상익은 블로그 글에서 "부자를 여러 명 봤다. 주변에는 배고픈 하이에나 떼가 들끓었다. 수단 방법 가리지 않고 비리를 찾아 협박하려는 자가 눈에 불을 켜고 있었고, 투자하라는 사기꾼도 몰려왔다. 세금폭탄을 두들겨 맞으면

은행에 대출받으러 다녔다. 평생 노동이 뭔지도 모르고 백수로 살아온 재벌 집 아들은 술에 절어 살았다. 큰 부자 가운데 표정이 밝은 사람을 거의 보지 못했다."고 했다.

돈에도 눈이 있다. 재물복도 타고 난다. 하나가 넘치면 하나는 부족한 게 자연의 법칙이다. 남 보기엔 별걱정 없이 남부럽지 않게 사는 자도 집안에 속 썩이는 인간 한 명은 꼭 있고 걱정거리 한두 개는 기본으로 안고 산다.

신촌산장이다.

마당에 핀 야생화와 계곡 물소리가 어우러져 한 폭의 동양화다. 도반이 부러운 듯 대문 사이로 마당 정원을 들여다보고 있다. 그는 "돈이 있으면 나도 저런 집에서 한번 살아보고 싶다."고 했다. 정원은 유한하고 자연은 무한하다. 돈이 없으면 가까운 산과 강과 숲을 쏘다니면 되지 않을까? 아무리 좋은 집도 몇 달 살다 보면 무덤덤해진다. 관리 비용도 만만치 않다. 정원은 자연으로 돌아가고픈 회귀본능이 아닐까?

성황당 터를 지나자 샛담이다.

끝담과 새말(신촌) 사이에 낀 마을이다. '사이'가 '새'가 된 것이다. 물레방아 터와 연자방아 터에 키 큰 표지석이 서 있다. 사람들은 큰 것만 좋아한다. 시골 작은 다리도 웬만하면 대교(大橋)다. 크다고 다 좋은 게 아니다. 나한테 맞는 게 좋은 것이다. 생각하기 나름이다. 길 가면서 듣는 얘기는 늘 흥미롭다.

도반 한 사람은 "친척 장례식장에서 어린 아들이 당숙에게 '우리 아빠는

물레방아터 표지석

술 드시고도 운전 잘해요.'라고 자랑했다. 그 말을 듣는 순간 망치로 뒤통수를 한 대 얻어맞은 듯 충격이었다. 그다음 날부터 술 먹으면 절대로 운전대를 잡지 않고 내친김에 담배도 끊어버렸다."고 했다. 자식은 부모의 거울이다. 자식의 말과 행동을 보면서 스스로의 모습을 돌아보게 된다.

가을배추 모종을 바라보며 골목길을 지나자 긴 오르막이다. 하늬바람이 폐부에 스민다. 바람 맛은 말로 표현할 수 없다. 고승의 선문답 같은 감탄사가 터져 나온다. 누구는 눈을 감고 스마트 폰에서 흘러나오는 김광석 노래 '바람이 불어오는 곳'을 들으며 흔들흔들 올라간다. 팔뚝만 한 담쟁이 넝쿨이 낙엽송을 감았다.

권오봉은 "소나무를 감고 올라간다고 송담이라 한다. 송담은 소나무에 뿌리 박고 기운을 빨아먹어 소나무가 제대로 자라지 못하게 한다. 관절염에

원주 금대초등학교 일론분교 어린이 서울견학을 다녀와서(옛 원주역에서).

좋다.”고 했다.

권오봉은 산야초 약성을 줄줄이 꿰는 재야 본초학 박사다.

일론골(?)이다.

뭔가 이상하다. 스탬프 표기가 잘못되었다. 일론골이 아니다. 일론골은 치악산 금대계곡 함박골과 길아치 중간 골짜기다. ‘일륜’, ‘흘론’이라고 한다.

《한국지명총람》은 “골짜기에 논이 있어서 ‘실론’이라 하였는데 음이 변해 ‘일론’이 되었다. 임진왜란 때 영원산성 전투에서 죽은 왜군 피가 흘렀다고 ‘흘론’이라고 한다.”고 했다.

일론골에는 윗일론과 아랫일론이 있다. 윗일론에는 금대초등학교 일론분교 터가 있고, 아랫일론에는 치악산국립공원 금대분소가 있다. 일론분교

산간오지 치악산 일론분교 어린이 〈문화방송〉, 〈동아일보〉 견학 모습

는 1967년 12월 6일 개교했다. 50년 전만 해도 금대리는 첩첩산중 산간오지였다.

걷기 도반 이선숙은 일론분교 출신이다.

그는 "우리 집은 금대리 영원사 건너편에 있었는데, 중학교 때 원주로 나와 자취를 했다. 아버지는 자식 공부 가르치기 위해 가족은 모두 시내로 내보내고, 당신은 일론에서 천궁, 당귀 등 고소득 작물을 재배했다."고 했다.

1974년 5월 20일자 〈인천일보〉에 '벽지학교 어린이 초청' 원주 금대초등학교 일론분교 어린이 서울견학 기사가 실렸다.

"금대리 일론골은 첩첩산중 두메산골 오지 중의 오지였다. 강원도 산간벽지 아이들의 서울 나들이 코스에는 인천 바다 구경이 포함되었다. 강원도 치악산 기슭 일론분교 46명 어린이들은 럭키금성(현 LG) 초청으로 서울을 방문했다. 창경원, 남산공원, 방송국 등을 둘러본 후 인천에 도착하여 바다와 도크를 구경했다. 처음 배를 본 아이들은 '배 위에 또 집이 있네.'라고 탄성을 질렀다. 인천시장 정규남은 아이들에게 세계아동문학 전집을 선물로 주었다."

금대초등학교 일론분교는 1985년 12월 1일 폐교되었다.

일론분교에서 금대계곡 따라 올라가면 영원사 입구가 나오고 상원사와 길아치 가는 길이 갈린다. 길아치는 '긴 고개'라는 뜻이다. 금대리 주민이 반곡동 섭재나 한가터, 강림 부곡으로 가는 고갯길이었다. 일론분교 터 맞은편에 1979년 4월 1일 전 원주문화원장 황주익이 세운 '연안 김공 군석·천석 피화 유적비'가 서 있다.

선조 계비 인목대비 조카 김군석, 김천석 피화 유적비

김군석과 김천석은 선조계비 인목왕후 오빠 김래의 첫째와 둘째 아들이다. 광해 5년(1613) 이이첨이 이끄는 대북파가 선조 계비 인목왕후 부친 김제남이 외손자 영창대군을 왕으로 옹립하려 한다는 역모 혐의를 씌워 김제남과 세 아들을 죽이고, 영창대군은 강화로 유배 보내 증살(蒸殺, 불을 때서 쪄 죽임)했다.

인목왕후 시누이 초계 정씨는 두 아들(김천석, 김군석)이 놀라서 급사하였다고 속이고 친정인 원주 행가리로 빼돌렸다. 친정아버지 정묵은 두 손자를 다락방에 숨겼다.

정묵은 며느리에게 "내가 요즈음 밥맛이 좋으니 밥을 많이 달라."고 하여 손자에게 몰래 먹였다.

아이들은 장난이 심했다. 하루는 며느리가 밥상을 가지고 들어오다가 다락문 틈에 어린아이 바지가 끼어 있는 것을 보게 되었다. 정묵은 큰일 났다 싶어서 아들 정기방과 조카 정기광을 시켜 평소 알고 지내던 치악산 영원사 승려에게 도움을 청했다.

이후 김천석·군석은 머리를 깎고 영원사 동자승으로 10년 동안 숨어 지냈다.

광해 5년(1613) 6월 1일 기록이다.

"김제남 아들 세 명(김래, 김규, 김선)과 사위(심정세) 한 명이 곤장을 맞고 죽었다. 김래에게는 조금 자란 아들이 있었는데, 왕이 자주 뒷조사를 하자, 김래 아내가 아들을 은밀히 중에게 주어 상좌로 삼게 하고는 거짓말로 병들어 죽었다고 하면서 장사를 치렀으므로 온 집안에 아는 사람이 없었다. 반정(인조반정) 뒤에 환속하였다."

1623년 인조반정으로 거리에 후손을 찾는 방이 나붙자 영원사 주지가 강원감영에 알려서 김천석과 김군석은 집으로 돌아가게 되었다. 당시 세 살이었던 김래의 셋째 아들도 집안 여종 등에 업혀 행방이 묘연하다가 반정 후에 돌아왔고, 당시 두 살이었던 김규 아들 김홍석은 외조모 정신옹주 치마폭에 숨어서 뒤쫓는 포졸의 눈을 피했다. 이때 살아남은 네 명에 의해 연안 김씨 가손이 이어지게 되었다.

제주도에 유폐되었던 인목왕후 모친도 돌아왔다. 사사된 후 부관참시당했던 부친 김제남은 원주 지정면 안창리에 이장하고 후손에게는 사방 10리 산림과 천택을 사패지로 주었다. 김천석은 71세, 김군석은 81세에 죽었다. 김천석은 김제남 사당 의민사 옆에 잠들어 있다.

스탬프 옆에서 막걸리 한 잔이다. 가을바람이 선선하니 유토피아가 따로 없다. 뒷들이골로 향했다. 멧돼지가 산등성이를 여기저기 파헤쳤다. 멧돼지도 먹고 사는 게 전쟁이다. 물뱀 한 마리가 수풀 속으로 스르르 사라지는가 했는데, 도반이 뱀 꼬리를 잡아 흔들었다. 땅꾼 수준이다. 뱀도 사람을 알아본다. 한두 번 잡아 본 솜씨가 아니다.

뒷들이골이다.

도새울에 있는 작은 골짜기다. 골짜기에 돼지가 많았다고 도새울, 도새울골이라 하였는데 한자로 도사곡(道士谷), 도사동(道士洞)이 되었다. 도새울에는 작은 도새울과 큰 도새울이 있다. 큰 도새울은 대도사(大道士), 작은 도새울은 소도사(小道士)다. 돼지가 도사가 되었다. 기막힌 오역이다.

전 상지대 교수 김은철은 2021년 9월 1일 원주역사박물관에서 열린 지명유래 강의에서 "한자로 쓴 지명은 믿지 마라. 한자에 매몰되면 안 된다. 한자 지명 이전에 순우리말 지명이 무엇인지 살펴보라. 고유지명은 바뀔 수 있는 게 아니다. 입에서 입으로 전해오는 고유지명에 주목해야 한다." 고 했다.

일제 잔재가 생활 곳곳에 깊이 뿌리내려 있다. 우리말 지명 찾기 운동이 라도 벌여야 하지 않을까?

뒷들이골에서 공사(?)가 벌어졌다. '기울어진 평상석 바로잡기' 깜짝 이벤 트다. 평상석이 기울어져 있어서 길 걷는 자가 앉기에 불편했다.

윤준형은 "언젠가 기회를 봐서 평평하게 수평 잡을 생각을 하고 있었는데 마침 기회가 왔다."고 했다.

다섯 명이 바위를 잡고 들어 올렸다.

"하나, 둘, 셋! 으쌰!"

바위를 들고 밑에 작은 돌을 받치자 금방 평평하게 되었다. 박수가 터져 나왔다. 길 사랑하는 자가 아니면 할 수 없는 일이다. 뿌듯했고 흐뭇했다. 가까이에서 지켜보던 심마니도 박수를 쳤다.

심마니는 원주 중앙시장 '터박이식당' 박금호다. 도새울에서 싸리버섯을 캐어 식당 반찬으로 쓰고 나머지는 1kg당 3만 원에 판다고 했다. 정직한 사람이다. 땀 흘리고 먹는 막걸리 한 잔은 꿀맛이다. 선선한 바람에 땀을 식 히고 천천히 하산이다. 하늘 향해 치솟은 낙엽송을 배경으로 땅바닥에 스마 트 폰을 놓고 동그랗게 원을 그리며 어깨동무했다.

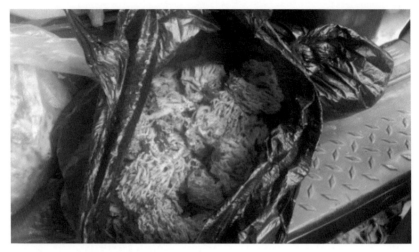

심마니 겸 터박이식당 주인 박금호가 캐어온 싸리버섯. 박금호는 버섯으로 찌개도 하고 반찬도 만든다고 했다.

장기하는 "원주 걷기길 사진전 입상작을 촬영했던 포토존"이라고 했다. 이곳에 포토존을 만드는 건 어떨까?

아흔아홉골이다.

골이 아흔아홉 개나 될 만큼 깊은 골짜기다. 《조선지지자료》는 '구십구곡 (九十九谷)'이라고 했다. 큰 도새울 서쪽 골짜기다. 골 입구에 중앙고속도로 가 지난다. 옛날에 포수가 곰을 쫓아 골짜기로 들어왔는데, 갑자기 아흔아 홉 마리로 변신하여 한 마리도 못 잡고 내려왔다고 한다. 또 난리가 났을 때 101명이 바위굴에 숨어 지냈는데, 어린아이가 엄마를 끌고 굴에서 나오자 마자 무너져 99명이 죽었다는 말도 있다. 100은 신의 영역이다. 완벽한 숫 자다. 큰 집도 아흔아홉 칸을 넘지 않았고 예수도 아흔아홉 마리 양을 두고 잃어버린 한 마리 양을 찾아 나섰다.

큰 도새울 아흔아홉골 식당을 지나 국도를 건너자 금대계곡 곰네미교다.

옛날에 곰이 넘어 다녔다고 '곰너미'라 했는데 음이 변해 '곰네미'가 되었다.

금대삼거리다. 배가 고프다.

옆에 있던 도반은 "뱃속에 거지가 들어있는지 밥때는 왜 이렇게 빨리 돌아오는지 모르겠다."고 했다.

밥이 목숨이다.

김훈은 《칼의 노래》에서 "끼니는 파도처럼 정확하고 쉴 새 없이 밀어닥쳤다. 끼니는 건너뛰어 앞당길 수 없었고 옆으로 밀쳐낼 수도 없었다……. 모든 끼니는 비상한 끼니였다."라고 했다.

끼니가 목숨이다. 한번 지나간 끼니는 다시 돌아오지 않는다. 필자는 버스를 기다리며 토정소머리 국밥을 주문했다. 열 한 끼니였다.

후기

도반 이선숙이 글을 읽고 전화를 했다. "일론골은 아흔아홉골이 아니라 길 건너편 금대리에 있다. 나는 일론골에서 자랐고 일론분교 졸업생이다. 분교 5학년 때 〈동아일보〉 주관 '벽지 학교 어린이 초청 서울견학'을 다녀왔다. 당시 럭키금성(LG) 공장과 청와대도 견학했다. 오랜 세월 잊고 지냈던 선생님과 아이들 모습을 떠올릴 수 있게 해 줘서 고맙다."고 했다. 당시 선생님은 돌아가셨고, 금대리는 상전벽해 되었다.

9코스 자작나무길

금대리에서 신림면 구학리 석동마을까지 이어지는 임도 길이다. 군데군데 자작나무가 모여있어 포토존으로 인기다. 치악산 자연휴양림 뒷길은 조선시대 찰방이 단구역과 신림역을 오가며 넘어 다녔던 옛 고개로서 선조들의 발자국이 남아있는 역사의 현장이다.

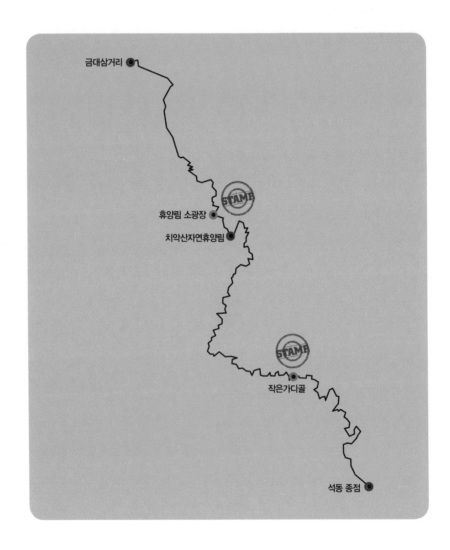

금대삼거리

휴양림 소광장
STAMP
치악산자연휴양림

STAMP
작은가디골

석동 종점

무쇠 터와 찰방고개

후드득후드득! 새벽녘 창문에 빗방울 부딪히는 소리가 요란하다. 이런 날은 쉬고 싶은 마음이 꿀떡 같지만, 배낭을 챙겼다.

집사람이 말했다.

"비 올 때는 좀 쉬었다가 날이 개면 가도 될 텐데, 사람이 왜 그렇게 융통성이 없는지 모르겠어."

그렇다. 나는 융통성이 없다. 날씨와 협상할 수는 없지 않은가. 걷기는 당면과제다. 이럴 땐 묵묵히 원칙을 지키는 수밖에 없다. 이 세상 모든 완장은 선택하고 책임지는 자다. 책임질 일이 있으면 책임을 지고 울타리가 되어주는 자도 있지만, 모르쇠로 일관하며 아랫사람에게 떠넘기는 자도 있다. 무슨 일이 생기면 시켰던 자는 없고 시키는 대로 했던 자만 희생양이 되어 고초를 겪는 일이 얼마나 많은가? 세상이 나아졌다고 하지만 말단 완장은 변화무쌍한 현장에서 늘 흔들리며 선택의 기로에 선다.

백척교 교각

금대리 길아천교(신동복 화백 제공)

집사람이 건네주는 사과와 고구마를 배낭에 넣고 아반떼에 시동을 걸었다.

빗길을 달려 금대계곡 정류장이다. 세 사람이 기다리고 있다.

"아니, 이 빗속에 뭐 하러 나왔어요. 나는 완장을 찼으니까 어쩔 수 없이 나왔지, 완장만 아니면 아마 이불 속에서 뒹굴뒹굴했을걸요."

웃음보가 터진다.

누구는 "집에 있다가 해가 나면 후회할까 봐 나왔다."고 했고, 누구는 "차라리 비 맞으며 걷는 게 낫다."고 했다.

빗속에도 걸으러 나오는 자가 있으니 게으름을 피울 수 없다. 완장은 도반을 위해서 나온다고 하지만, 알고 보면 도반이 완장을 위해 나올 때가 많다. 아무튼 꾸준히 걸으면 몸과 마음이 건강해진다. 꾸준함을 이길 수 있는 건 아무것도 없다. 다리 밑으로 치악산 계곡물이 콸콸 쏟아진다.

금대리는 물가에 마을이 있다고 '물터'였다. '물터'가 '묻터'가 되고, '묻터'가 '무쇠 터'가 되었다. 무쇠 터를 쇠 金(금) 자와 터 垈(대) 자를 써서 金垈里(금대리)라 하였다. 물가 터가 금대리가 된 것이다. 금대리에는 부잣집 금 항아리 이야기가 전해온다.

《원주시사》에 스토리가 실려 있다.

"어떤 마을에 가난한 아버지와 장가 못 간 아들이 살고 있었다. 평생 머슴살이로 생계를 이어가던 아버지가 돌림병으로 죽자, 아들이 지게에 아버지 관을 메고 뒷산으로 갔다. 땅을 깊이 파고 조심스레 관을 내리던 중, 아뿔싸! 관이 거꾸로 떨어지고 말았다. 아들은 바로잡으려고 애를 썼지만, 구덩이가 깊어서 도저히 뒤집을 수 없었다. 아들은 그만 체념하고 흙으로 관을 덮고 봉분을 만든 다음 천천히 일어났다. 그때 나무 뒤에서 부스럭거리는 소리가 들렸다. 깜짝 놀라 뒤돌아보니 노스님이었다. 노스님은 숨어서 이 모든 과정을 지켜보고 있었다.

노스님이 말했다.

'명당 임자는 따로 있구먼. 자네 부친 무덤은 명당일세. 당장 발복할 자리에 시신을 엎어 묻었으니 복도 많네그려. 만약 똑바로 묻었더라면 호환 당할 자리네. 봉분을 만들었으면 밥이라도 한 그릇 올리고 가야지 그냥 내려가면 어떻게 하는가?'

청년이 아무 말도 못 하고 머리를 긁적이자 노스님이 말했다.

'마을로 내려가면 큰 기와집이 있을 걸세. 집주인에게 사정 얘기를 하고 밥과 음식을 얻어오게.'

아들이 기와집을 찾아가 대문을 두드리자 어여쁜 처녀가 나왔다. 처녀는 돌림병으로 가족을 모두 잃고 홀로 살고 있었다. 처녀는 청년 얘기를 듣자마자 아궁이에 불을 때서 정성스럽게 밥을 짓고, 음식을 장만해서 무덤으로 올라왔다. 두 사람은 무덤 앞에서 절을 올린 다음, 스님 주례로 부부 연을 맺었다.

처녀 집은 수백 석지기 부자였다. 부부는 부지런히 농사를 지어 쌀을 내다 판 돈으로 금덩어리를 샀다. 부부는 금덩어리를 항아리에 넣고 마당을 깊이 파고 묻었다. 금 항아리가 세 개가 될 무렵 마을에 급성 전염병이 돌았다. 자식이 없던 부부는 말 한마디 못하고 죽었고, 집터는 폐허가 되었다.”

'금 항아리 전설'에는 부자가 되고 싶었던 민초들의 선망이 담겨있다. 금 항아리가 묻혀 있는 집터는 어디일까?”

금대리(금교역, 치악역)는 1942년 4월 1일 개통된 청량리~경주 간 옛 중앙선이 지나는 길목이다. 또아리굴은 치악터널 3.65km 나선형 구간이다. 약 62m에 이르는 치악산 고도차 극복을 위해 백척교(35m)를 세우고 산기슭을 뚫는 1,975km 곡선형 루프식 터널공사였다.

1936년 12월 착공하여 1939년 6월 완공되었다. 일본인 기술자는 기계, 화약, 전기를 담당했고, 조선 노동자는 힘쓰는 일을 맡았다. 굴이 무너지고, 다리에서 떨어져 죽거나 다치는 사고가 수시로 일어났다. 금대리 회론동과 원동(원 터)에는 합숙소와 병원이 있었고, 죽은 자는 둔창리와 반곡동 공동묘지에 묻혔다.

백척교는 1996년 철거되고 교각만 남아있다. 일제가 전쟁물자 수송과 산림자원 수탈을 위해 설치했던 또아리굴과 백척교는 2020년 12월 서원주~제천 간 KTX 복선전철에 자리를 내어주고 역사 속으로 사라지고 말았다.

금대리에는 영원산성도 있다.

《삼국사기》는 "신라 문무왕 18년(678) 북원에 소경을 설치하고 대아찬 오기로 하여금 지키게 하였다. 신문왕 5년(685) 축성했고 둘레가 1,031보"라고 했다.

신라 하대 궁예의 직속 상관 '북원의 초적' 양길이 주둔했던 산성이다.

영원산성에서는 고려 충렬왕과 임진왜란 때 큰 전투가 있었다. 충렬왕 때

원주시 판부면 금대리 영원산성. 승리와 패배가 교차했던 역사의 현장이다.

는 이겼고, 임진왜란 때는 패했다.

고려 충렬왕 17년(1291) 원나라 칭기즈칸 손자 쿠빌라이 칸 막냇동생 '나이안'이 반란을 일으켰다. 반란은 곧 진압되었지만, 원나라 군대에 쫓기던 나이안 부하 합단이 무리를 이끌고 고려 국경을 넘었다. 원나라 내란이 고려로 불똥이 튄 것이다. 국경을 넘은 합단적은 1년 후 원주로 쳐내려왔다. 향공진사(국자감시 예비시험 계수관시와 국자감시에 모두 합격한 자)로서 별초(특별히 가려 뽑은 군대로서 전투에서 선봉에 서는 별동대)에 소속되어 있던 원충갑은 방호별감 복규(고려 개국공신 복지겸 후손), 홍원창 판관 조신과 함께 영원산성에서 10회에 걸친 전투 끝에 합단적을 물리쳤다. 영원산성 전투는 고려에 불리하던 전세를 일거에 역전시키는 계기가 되었다.

전쟁이 끝난 후 원주는 익흥도호부로 승격되었고 3년간 부역과 세금이 면제되었다.

패배의 기록이다.

1592년 8월 원주목사 김제갑은 영원산성에서 가등청정이 이끄는 왜군에 맞서 백성과 한몸이 되어 분전했다. 김제갑과 아들 김시백은 전사했고 부인 전주 이씨도 목숨을 끊었다.

전쟁이 끝난 후 충·효·열의 귀감이 되었다. 김제갑은 원주 충렬사에 배향되었고 원주시청 정문에 동상을 세워 충절을 기리고 있다.

회론동이다.

골짜기에 돌을 골라내고 손바닥만 한 논을 만들었다고 '돌논'이라 하였는데, '돌논'이 회전할 회(回)와 토의할 논(論) 자를 써서 회론(回論)이 되었다.

지명을 바꾼 자가 누굴까? 우리말 지명에는 당대 민초의 구수한 입담과 생생한 목소리가 들어있다. 민초는 글을 모르니 붓 쥔 자가 내키는 대로 적은 게 한자 지명이다.

금대리와 신림을 오가는 시내버스를 타고 가리파재(치악재)를 오르내릴 때 어김없이 흘러나오는 정류장 이름이 회론동이다.

비가 그치자 계곡 물소리가 세차다.

가파른 오르막이다. 숨소리가 점점 커진다. 앞서가던 도반이 털썩 주저앉았다.

"갑자기 힘이 쭉 빠지네요."

가슴이 철렁했다. 119를 부를까 말까 망설이는 순간 권오봉이 배낭을 받아 들었다. 순간 "괜찮아요." 하며 주저앉았던 도반이 아무렇지도 않다는 듯 툭툭 털고 일어났다.

천만다행이다. 완장은 구급약과 비상시 대처요령을 머릿속에 넣고 있어야 한다. 완장으로 사는 일은 쉽지 않다. 어떤 때는 걸어도 걷는 게 아니다.

산안개가 온 산을 휘감는다. 운무가 예술이다. 임선영이 사진기를 꺼내 들었다. 걷기 평균연령이 낮아지고 젊은 도반이 들어오니 분위기가 활기차다.

바람골이다. 바람과 바람이 만나는 바람의 광장이다. 바람 한 점 없다.

이현교가 말했다.

"바람도 방학을 했나 봐."

'바람 방학'이라니! 언어는 생각의 집이다. 말에도 영혼이 있다.

다시 임도다.

비 그치자 공기가 선선하다.

조도형 목사는 "숲은 축복이요, 하나님의 은총이다."라고 했다.

가진 것, 주어진 것에 감사하며 살자고 말은 하지만 불평불만 하며 툴툴 댔던 시간이 되살아난다.

세 사람이 길을 가면 반드시 스승이 있다. 길이 학교요, 도반이 스승이다.

치악산 휴양림 고라니동을 지나자 찰방고개(찰방치)다.

찰방치에서 백운산 벼락바위봉과 치악산 가리파재 가는 길이 갈린다. 남쪽은 금창리 예찬이골, 북쪽은 휴양림이다.

찰방은 조선시대 도로와 역을 관장했던 종6품 관리다. 역은 공무 수행 관리가 말을 바꿔 타며 묵어가던 숙박 시설이다. 육로는 고속도로 같은 아홉 개 대로가 있었고 국도와 지방도 같은 간선도로가 있었다. 약 30리마다 500여 개 역이 있었고, 역에는 말, 관리, 노비, 여종이 있었다. 강원도에는 은계도, 상운도, 평릉도, 보안도 등 네 개 간선도로가 있었는데, 원주가 속한 도로는 보안도였다. 보안도에는 30개 역이 있었고, 본부역은 단구역이었다. 본부역은 조선 초기 춘천 후평동(보안역)에 있었으나 단구역(역관 사거리에서 남부시장 쪽 산불대응센터 부근)으로 바뀌었다.

원주에는 다섯 개 역이 있었다. 단구역, 신림역, 유원역, 안창역, 신흥(주천 역골)역이다. 찰방고개는 찰방이 신림역과 단구역을 넘어 다니던 고개다. 강원감영과 가까운 단구역에는 말 10필, 관리 35명, 노비 50명, 여종

35명이 있었고, 신림역에는 말 3필, 노비 15명, 여종 16명이 있었다.

다산 정약용도 한때 좌천되어 금정도 찰방으로 있었고, 《택리지》 저자 이중환도 김천도 찰방으로 있었다.

정조 19년(1795)년 7월 26일 승정원(청와대 비서실) 정3품 당상관으로 있던 다산 정약용은 주문모 신부 입국사건(1794년 11월 2일 입국, 1795년 5월 11일 체포 직전 정약용이 알려주어 피신했다) 여파로 금정도(본부는 금정역으로 충남 청양군 화성면 용당리) 찰방으로 좌천되었다. 청와대 비서관으로 있다가 시골 역장으로 쫓겨난 셈이다.

정조가 "임금의 지시에도 불구하고 삐딱하게 기울어진 글씨체를 고치지 않고 있어 죄를 물어 금정찰방으로 보낸다."고 했지만, 노론 벽파와 남인 공서파가 다산의 천주교 문제를 끊임없이 제기하자 예봉에서 벗어나게 하려는 배려였다.

천주교 소굴로 지목받던 내포 지방으로 내려보내 사학 무리를 검거하여 혐의를 벗으라는 신호였다. 눈치 빠른 다산은 찰방으로 있으면서, 당시 내포 지방 사도로 불리던 이존창을 체포하여 충청도 관찰사 유강에게 넘겨준 후, 그해 12월 20일 중앙관직인 용양위 부사직으로 복귀했다. 좌천된 지 5개월 만이었다.

이중환은 김천도 찰방으로 있을 때 목호룡에게 말 한 필 빌려주었다가 곤욕을 치렀다. 일명 목호룡 고변 사건(신임옥사)에 연루되어 네 차례나 탄핵을 받고 유배되었다가 풀려 난 후, 전국을 떠돌며 사대부가 살 만한 곳과 여행하기 좋은 곳이 어디인지 소개한《택리지》를 남겼다.《택리지》는《여지도서》,《신증동국여지승람》같은 관찬서와 달리, 국토를 새로운 시각에서 바라보며 직접 답사하고 펴낸 지리서였다.《택리지》는 이후 250여 년간 조선시대 베스트셀러가 되었다.

이규경은《오주연문장전산고》에서 "택리지서 이중환 창저 인다피혹 기폐무궁(擇里之書李重煥創著 人多被惑 其弊無窮, 이중환이 사람이 살 만한 곳을 고르는 책을 썼는데, 사람들이 그 책에 빠져 폐단이 이루 말할 수 없다."고 했다.《택리지》인기가 얼마나 대단했는지 알 수 있지 않은가? 탄핵과 유배라는 고난의 시간이 결국 역사에 이름을 남기는 베스트셀러 작가를 만든 것이다. 앞일은 알 수 없고, 삶은 언제나 변화무쌍하다.

찰방고개에 안내판을 세우면 좋겠다. 필자는 어떤 길을 걷든 그 길에 자

찰방고개 사이로 임도가 지나간다.

랑할 만한 무엇이 있느냐를 묻는다. 치악산 둘레길이 명품 길이라고 말만 할 게 아니라 스토리를 찾아내어 역사의 옷을 입혀야 한다.

어떤 자는 "그게 돈이 되느냐?"고 묻는데, 돈이 된다. 스토리는 가성비가 높다. 한 번만 제대로 만들어놓으면 두고두고 업적이 되고 자산이 된다.

나이키는 "우리는 신발을 파는 게 아니라 스토리를 판다."고 했다. 걷기만 할 게 아니라 지명유래와 곳곳에 스며있는 역사 인물과 문화유적 이야기에 관심을 기울여야 한다. 원주의 길을 다른 지자체 길과 차별화할 수 있는 가장 좋은 방법은 스토리텔링이다.

자작나무 임도다.

이현교는 "역방향으로 걸으니 모든 게 새롭다. 처음 오는 길 같다."고 했다. 생각을 조금만 바꾸어도 사물과 사람이 다르게 보인다.

조철묵은 오랜만에 씩씩하다. 백두대간 종주로 다져진 강철 같은 몸도 코로나에 뚫렸다.

임선영이 사진기를 꺼냈다.

"한 줄로 서서 하나, 둘, 셋 하면 동시에 뒤돌아보세요."

다들 어린아이 표정이다. 숲에 들면 누구나 모델이 된다. 걷기는 '시간 거꾸로 돌리기 여행'이다. 혜성처럼 나타난 임선영 덕분에 분위기가 봄꽃이다.

작은 가디골이다.

신경란이 커피 케이크를 꺼냈다. 인터넷으로 주문해서 가져왔다고 했다.

맛이 달고 부드럽다.

허선화는 배와 방울토마토를 꺼냈다. 포크까지 가져왔다. 고구마, 복숭아, 자유시간도 쏟아져 나온다.

누구는 '자유시간'을 먹으며 '자유부인'이 되었다고 했다. 자유인이 되고 싶은가? 당장 운동화 끈을 당겨 메고 문밖을 나서라. 걷기가 당신을 자유롭게 할 것이다.

길 위에서 사람을 만났다. 전직 교사 곽순임이다. 홀로 사진기를 들고 전국 산과 길을 누비는 자유로운 영혼이다.

장기하는 "인사를 친절하게 잘 받는 걸 보니 느낌이 좋다."고 했다. 인사만 잘해도 절반은 성공이다.

"정의로운 자는 남의 말을 경청하는 자이고 남에게 친절한 자다."

철학자 니체의 말이다.

당신은 어떤 사람인가?

석동이다.

《조선지지자료》는 석동거리(石洞巨里), 《한국지명총람》은 석동(石洞)이다. 방학동, 황학동 구미골이 갈리는 삼거리다. 버스를 기다리며 다들 행복한 표정이다.

문화심리학자 김정운이 말했다.

"행복해지려면 집과 일터가 아닌 제3의 공간이 필요하다. 그곳에는 격식과 서열이 없어야 하고, 소박하며 수다를 떨 수 있어야 한다. 출입이 자유로워야 하고 음식도 있어야 한다."

수요 걷기는 행복해지기 위한 조건에 딱 들어맞는다.

지애남이 추어탕을 샀다. 튀김과 가을 고기를 먹으며 나눔과 베풂에 대해 생각했다.

8코스 거북바우길

구학산(983m)은 원주시 신림면과 충북 제천시 백운면에 걸쳐 있는 산이다. 아홉 개 마을, 아홉 마리 학 이야기가 전해온다. 칠부 능선에 조성된 길로서 숲속에 들어가면 햇빛을 거의 보지 않고 걸을 수 있으며, 산수국과 철쭉, 진달래 등 계절마다 아름다운 꽃들이 도보 여행자를 반갑게 맞아준다. 길에는 장수의 상징인 거북바우가 숨어있다.

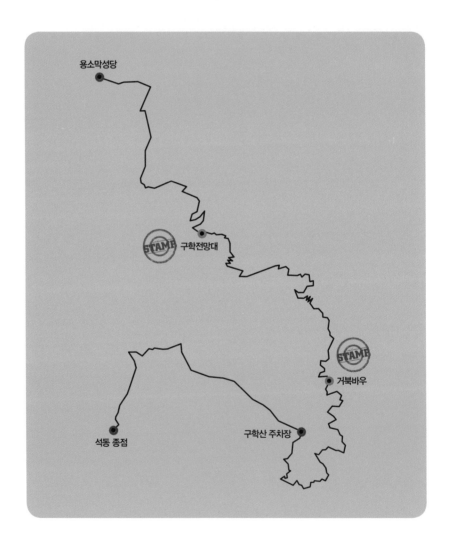

대통령과 솥뚜껑 바위

태풍이 지나간 숲은 선명하다. 코스모스 피어난 가을 들녘에 잠자리 날고 풀벌레 소리 드높다. 이런 날은 김밥 한 줄과 물 한 병만 들고 온종일 걷고 싶다. 하늬바람 타고 툭툭 떨어지는 알밤 소리 들으며 구학행 22번 버스에 오르자 기사는 오랜만에 만원이라고 활짝 웃었다.

석동 삼거리다.

여칠남육(女七男六)이다. 걷기도 여성시대다. 남자는 다 어디로 갔을까? 버스 안에서 사람을 만났다. 눈빛이 강렬하다.

박재홍은 "다른 모임에 갔다가 가까운 자에게 상처받고 홀로 걸으면서 차츰 회복하게 되었다."고 했다.

자연 속을 거니는 것만큼 좋은 운동은 없다. 자연이 명의다.

정선 전씨 열녀비각. 조선시대 여성은 남편이 죽으면 따라 죽어야 열녀 소리를 들었다.

구미골 입구다.

열녀비각이다. 주인공은 염신식 처 정선 전씨다. 열녀 전씨는 함경도에서 이사 와서 살다가, 남편이 죽자 방 안에서 한 발자국도 나오지 않고 아흐레 단식 끝에 굶어 죽었다.

1920년 5월 신림면장 정찬모가 열녀비를 세웠다. 여자는 오로지 한 남편만 섬기라는 가혹한 메시지였다.

고려시대는 남녀차별이 심하지 않았다. 고려는 일부일처제였고, 재가도 자유로웠으며 재가해서 낳은 자녀의 과거시험도 제약이 없었다. 유산도 아들, 딸 구별 없이 골고루 분배하였고, 아들이 없을 때는 양자를 들이지 않고 딸이 제사 지냈다. 처가 호적에 올리고 처가에서 사는 자도 있었다. 조선 중기까지만 해도 혼인한 남자는 주로 처가에서 생활했다. 유산도 대를 잇는 자녀에게 상속재산의 5분의 1을 더 주는 것을 제외하고 아들, 딸 구별 없이 똑같이 나눠주었다. 제사도 형제가 돌아가면서 지냈다.

여성 지위가 불평등해진 것은 조선 후기부터다. 여자는 혼인하면 시댁에서 지내야 했고, 제사는 맏아들이 모셨으며, 재산 상속도 맏아들이 우대받았다. 아들이 없으면 양자를 들였고 족보를 만들어 같은 성씨끼리 모여 사는 세거지(世居地)가 늘어났다.

조선은 개국 때부터 여성 재혼에 브레이크를 걸었다.

1392년 7월 《경국대전》은 "재혼한 여자의 자손은 과거에 응시할 수 없다."라고 하며 대못을 박았다.

성종 때는 "굶주려 죽는 일은 극히 작은 일이나 정절을 잃는 일은 큰일"이라고 하며 '과부재가금지법'을 만들었다. 성종 8년(1477) 7월 18일 기록이다.

"경전에 이르기를 '믿음은 부인의 덕이다. 남편과 한번 혼인하면 평생토록 고치지 않는다.'고 했다. 이 때문에 삼종지의(시집가기 전에는 아버지에게, 시집가서는 남편에게, 남편 사후에는 아들에게 복종한다)가 있어 한 번도 어기는 일이 없더니, 세상의 도가 나날이 나빠지면서 여자의 덕이 바르지 못한 일이 벌어지고 있다. 사대부 집 여자가 예의를 생각하지 않고 혹은 부모 때문에 절개를 잃고, 혹은 스스로 중매하여 재가하고 있다. 이는 스스로 가풍을 무너뜨릴 뿐만 아니라 성현의 가르침에 누를 끼치는 것이다.

만일 엄하게 금령을 세우지 않으면 음란한 행동을 막기 어렵다. 지금부터 재가한 여자의 자손은 벼슬아치 명단에 넣지 못하게 하여 풍속을 바르게 하라.”

참으로 기가 막히고 혀를 찰 일이지만 그때는 그랬다. 과부의 딱한 사정을 보다 못한 정약용은 “남편이 죽으면 따라 죽는 게 열녀가 아니다. 남편이 없어도 남은 자식을 키우며 꿋꿋하게 사는 여인이 진정한 열녀”라며 반기를 들었다. 오죽하면 동학농민군도 폐정개혁안 제7조에서 “청춘과부의 개가를 허락하라.”며 목소리를 높였겠는가.

열녀비에는 남편을 잃고 독수공방해야 했던 청춘과부의 피 울음이 스며있다. 청춘과부를 ‘보쌈’ 해서 홀아비 집에 데려다 놓았던 납치극은 민초들이 만들어낸 숨구멍이었다. 동학 교주 최제우 어머니 한 씨도 보쌈당한 재가녀였다. 불경이부, 삼종지도, 칠거지악, 내외법과 함께 조선 여성을 옥죄이던 ‘청춘과부재가금지법’은 1895년 갑오개혁 때 폐지되었다. 전국 곳곳에 널려있는 열녀비를 볼 때마다 가슴이 답답해진다. 그 시절 여인들은 가슴앓이하며 그렇게 그렇게 살다 갔다.

구학산 큰골 오름길이다.
큰골은 1970년 이전까지는 화전민 20여 가구가 오순도순 모여 살았던 산간오지였다. 산림녹화사업으로 화전민을 내보내고 텅텅 비었다가 2000년부터 사람이 들어오기 시작했고 지금은 펜션 명소가 되었다.
구학산 주차장이다.

계곡물이 불어나자 징검다리를 놓고 있다.

가을은 냄새로 오고, 소리로 오고, 빛깔로 온다. 가을은 색깔의 계절이다. 파란 하늘, 빨간 고추, 연분홍 코스모스 따라 다래와 도토리가 익자 단풍이 시동을 걸었다.

계곡물이 불었다. 징검다리에 물이 넘친다. 슬리퍼를 신은 윤준형이 물속에 발을 담그고 디딤돌을 옮겼고, 조 목사는 도반 손을 잡고 일일이 건네준다. 예기치 못한 상황이 벌어졌을 때, 상황에 대처하는 순발력은 하루아침에 만들어지지 않는다. 윤준형 몸속에는 밧줄 하나에 목숨 걸고 도봉산 암벽을 오르내렸던 바위 지도가 새겨져 있다.

숲길에서 수다 잔치가 벌어졌다.
김미화는 "손주 보는 일이 끝났다. 힘들었지만 보내고 나니 눈에 밟힌다."

고 했다. 낳은 정보다 기른 정이 크다.

신경란은 "걷기 가는 날은 할머니 시간이라고 선언하고 무조건 걸으러 나온다."고 했다. 나이를 먹을수록 나만의 시간이 필요하다. 시간은 주어지는 게 아니라 스스로 내는 것이다.

구자희는 "코로나에 두 번 걸렸다. 처음에는 그러려니 했는데 다시 걸리고 나니 '아, 나는 코로나가 좋아하는 체질이구나.'라고 하며 받아들였다."라고 했다. 나이를 먹는다는 건 내려놓고 받아들이는 일이다.

거북바위다.

윤준형과 임선영이 카메라를 잡았다. 모델은 같아도 앵글이 다르다. 사진은 빛과 시선이다.

구학정이다.

구학산 거북바위. 이리 보아도 거북이요, 저리 보아도 거북이다.

윤준형이 재빨리 산죽을 꺾어 빗자루를 만들었다. 평상을 쓸고 앉을 자리도 마련했다. 막걸리를 꺼내고 오징어땅콩도 펼쳤다. 상황을 만들고 펼쳐가는 일사불란이 놀랍다. 막걸릿잔을 연거푸 받았다. 간식이 쏟아진다. 줄을 맞추니 홍동백서(紅東白西), 조율이시(棗栗梨柿)다. 간식 잔치가 벌어졌다.

'사람은 세상에 올 때처럼 빈손으로 갈 것뿐이다. 멋지게 잘 사는 것은 하늘 아래에서 수고한 보람으로 먹고 마시며 즐기는 일이다. 하느님은 사람이 행복하게 살기만 바라니 인생을 너무 심각하게 생각하지 말라.'

성경 전도서에 나오는 말이다. 돌아보면 기쁜 날보다 속 끓이며 애태운 날이 더 많다. 어찌할 수 없는 건 신의 섭리에 맡기고, 할 수 있는 것만 고민하며 기쁘게 살아가는 게 현명한 삶이 아닐까?

전망대 가는 길에서 길을 놓쳤다.

전망대 가는 길

권오봉이 말했다.

"이정표를 빤히 보면서도 엉뚱한 길로 내려갔다."

안내 리본이 정 방향 위주로 되어 있어 갈림길에서 길을 놓치기 쉽다. 역방향으로 걸어보니 알 수 있다. 겪어보지 않으면 알 수 없다. 일이 터진 다음 고치면 늦다.

1:29:300. 하인리히 법칙이 있다. 큰 사고가 나기 전에 작은 사고가 29번 일어나고, 작은 사고가 나기 전에 300번 조짐이 있다는 말이다. 현장을 살피며 작은 소리에 귀 기울이는 세심한 관리가 필요하다. 세월호 사건이나 이태원 참사를 떠올려 보라.

구학전망대다.

높고 푸른 하늘 아래 치악산이 들녘을 포근하게 품고 있다.

구학전망대

용암리다.

용소 '용(龍)'과 가마솥 바위 정암(鼎岩)에서 바위 '암(岩)' 자를 따서 지었다. 신림역 서쪽 산 중턱 뾰족한 가마솥 바위에 고 최규하 대통령 증조부 묘소가 있다. 동네 노인들은 오래전 산불이 나서 솥이 달궈지는 바람에 대통령이 되었다고 했다.

경남 진주 남강에도 솥바위가 있다. 반경 20리 안에 큰 부자가 나온다는 전설이 있다. 삼성·LG·효성 창업주가 그들이다. 진주시. 함안군, 의령군은 2010년부터 솥바위와 창업주 생가를 관광명소로 활용하고 있다. 새해가 되면 솥바위는 부자 기운을 받아가려는 사람으로 들끓는다고 한다.

풍수와 정치는 불가분의 관계다. 풍수학자 지청룡은 노태우 대통령 때 청와대 본관 신축에 관여했고, 손석우는 김대중 전 대통령 부모 묘소를 신안군 하의도에서 용인으로 옮기는 데 관여했다. 백재권은 2023년 3월 윤석열 대통령 관저 후보지 중 하나였던 육군참모총장 공관을 다녀가기도 했다.

풍수지리설에서 명당이란 배산임수 지형에 맥이 흐르다가 멈추는 곳이다. 북쪽의 높은 산을 주산으로 하고 왼쪽에는 청룡, 오른쪽엔 백호가 둘러싼 모양이고, 남쪽에는 안산이 있고 내가 흘러 동쪽으로 모이는 곳이다. 그곳에 지맥이 닿아 생기가 집중되는 곳을 혈이라 하고 혈 자리에 관을 묻고 봉분을 만들었다. 봉분은 산허리쯤에 자리 잡았으며 묏자리는 좌(앉은자리로서 혈의 중심이 되는 곳)와 향(정면으로 바라보이는 방향)을 중시했다. 대부분 북에서 남으로 향하나 산세에 따라서 서향과 북향을 취한 곳도 있다.

풍수학자 최창조는《한국의 자생풍수 1권》317, 418쪽과《한국의 풍수지리》서문에서 이렇게 말했다.

"풍수는 산소 자리 잘 잡아서 잘 먹고 잘살자는 미신이 아니다. 삶의 기본적인 바탕이 되는 기후와 풍토에 관한 경험의 축적일 뿐이다. 땅의 좋은 영향은 소유주가 아니라 그 품에 안겨 사는 자에게 돌아간다. 어떤 사람에게 맞는 땅이란 어머니 자궁 속이나 품속 같은 안온함을 맛보게 해 주는 곳이다. 땅은 영면의 휴식처다. 어머니 젖무덤으로 돌아가고픈 마음이 무덤을 만든다. 망자에게 어머니 품속 같은 땅을 선정해주면 그곳이 바로 명당이요, 길지다. 음택풍수 동기감응론은 뼈를 통하여 기가 감응된다고 한다. 뼈는 삼십 년이면 흙으로 돌아간다. 그러니 동기감응을 말할 근거도 없다. 무덤은 다시 흙으로 돌아가는 것이다."

요즘은 화장이나 수목장이 대세니 음택풍수가 끼어들 여지가 적다.

최창조는 "묘터에 엉덩이를 대고 망자 일생을 떠올리며 30분만 있어 보라. 편안해지면 그 터가 명당이다."라고 했다. 18년간 유배 생활을 마치고 57세 때 두물머리가 바라보이는 고향으로 돌아와 18년 머물다가 파란 많은 삶을 마쳤던 정약용. 그는 회혼식 날 눈을 감으면서 이런 유언을 남겼다.

다산 정약용

정약용은 두물머리가 바라보이는 고향 마재 언덕에 묻혔다.

"지사(地師)에게 묏자리를 물어보려 하지 말고 뒷동산에 묻어라."
대학자다운 아름다운 마무리였다.

탑골 성황당이다.
엄나무를 당목 삼아 매년 3월 3일과 9월 9일 고사를 지낸다. 마을과 성황
당 사이에 5층 석탑이 있었으나 일제강점기 때 반출되었고, 석탑재 일부는
1991년 창건한 가까운 한국사로 옮겼다.

용소막이다.
마을에 용이 승천한 연못이 있어서 용소막(龍沼幕)이라 했다. 용소막 남
서쪽 너른 들판 한가운데에서 늙은 농부가 허리 굽혀 풀을 뽑고 있다.
"어르신, 올해 벼농사가 어때요?"

탑골 성황당

"비가 많이 와서 안 됐어요."

벼 색깔이 다르다. 어떤 곳은 누렇고, 어떤 곳은 푸르다. 왜 그럴까?

이용미는 "익은 벼를 한꺼번에 수확하려면 힘드니까 파종 시기를 조금씩 달리한다."고 했다.

또 배웠다.

"내가 아는 건 내가 모른다는 사실이다."

철학자 소크라테스의 말이다.

후기

당둔지 소머리 국밥집에서 케냐에서 막 귀국한 곽신 목사를 만났다. 2022년 5월부터 8

월 말까지 해외 선교차 케냐에 나가 있을 때 걷기 도반 36명이 성금을 보냈다. 241만 5천원이다.

곽 목사는 "이 돈은 케냐 수도 나이로비에서 차로 4시간 떨어져 있는 오지 학교 교사 12명의 한 달 월급이며, 주민 6백여 명에게 식량을 사 줄 수 있는 돈이다. 보내준 성금으로 식량을 사서 차에 싣고 다니며 현지인에게 나눠주었다."고 했다.

곽 목사는 황기 엿을 사서 도반에게 일일이 선물했다. 마음과 마음이 오가는 추석 선물이었다.

7코스 싸리치 옛길

옛날에는 산굽이를 돌 때마다 싸리나무가 지천으로 널려 있어 싸리치라고 불렸다. 버스가 다니던 싸리치는 1988년 황둔으로 가는 88번 국도가 개통되면서 명칭도 싸리치 옛길이 되었다. 과거 소금과 생선, 생필품을 지고 고개를 넘나들던 보부상의 통로였으며 단종, 김삿갓, 궁예의 흔적이 남아있는 역사의 숨결을 간직한 옛길이다.

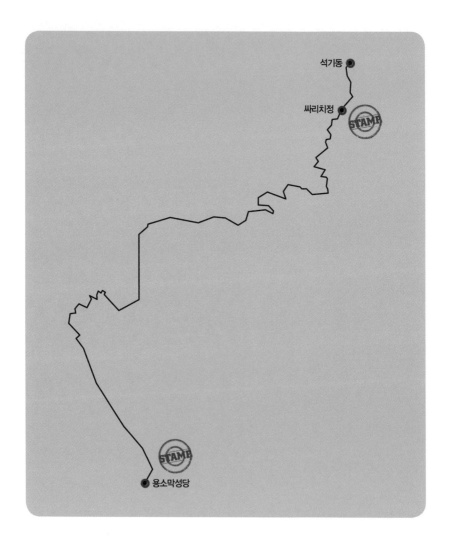

석기동

싸리치정

STAMP

STAMP

용소막성당

단종의 애환 구름처럼 떠돌고

아! 가을이다. 가을이 왔다. 바람 부는 언덕에서 파란 하늘 바라보며 풋풋한 첫사랑 떠올리는 그리움의 계절이요, 밤송이 다래 툭툭 떨어지는 결실의 계절이다. 태풍 가고 추석 연휴 지나자 하늬바람 따라 열일곱 명이 모였다. 아프리카 케냐에서 선교 활동 마치고 돌아온 노목사도 있고, 늦둥이 아들 학교 보내고 부랴부랴 달려온 권도윤도 있다. 집사람이 코로나에 확진되어 민폐 끼칠까 봐 망설이다 달려와 멀찌감치 서 있는 산야초 박사 권오봉도 있다.

싸리치 옛길 출발지 용소막성당이다.

한국 천주교 최초 성당인 중림동 약현 성당과 민주화운동 성지 명동성당을 빼다 박은 고딕식 성당이다. 치악산이 두 팔 벌려 품고 있는 황금 들판 사이로 중앙고속도로가 지나고 중앙선 철길이 지나던 교통 중심지에 터 잡

1915년 건립한 신림 용소막성당

은 그림 같은 성당이다. 1866년 병인박해를 피해 전국 각지에서 모여든 천주학쟁이가 둥지를 틀고 교우촌을 이루었던 곳이다.

　교우촌은 1898년 1월 13일 공소를 거쳐 1904년 5월 4일 천주교 신부가 상주하는 성당이 되었다. 초대 신부는 파리 외방전교회 프와요였다. 그는 매년 부활절과 성탄절을 앞두고 영월, 평창, 제천, 단양 등 5개 지역 17개 공소를 순회하며 판공성사를 주고 미사를 집전했다. 6년 후 프와요 신부는 용산 신학교로 가고 제2대 기요 신부가 왔다. 그는 용소막성당 건립 계획을 만들어 조선대목구 주교였던 뮈텔을 찾아가서 어렵사리 승낙을 받았다. 4년 후 1914년 제3대 시잘레 신부가 왔다.

　시잘레 신부는 오자마자 성당 건축공사를 시작했다. 제천 묘재 학산 공소 회장으로 있던 이석연의 알선으로 중국인 건축 기술자를 고용했다. 중국인 기술자는 고집불통이었다. 설계도면을 무시하고 지붕 기둥 길이를 두 자씩

짧게 했다. 시잘레 신부는 불같이 화를 냈으나 어쩔 수가 없었다. 성당 지붕이 가파른 이유다. 시잘레 신부는 목재 조달을 위해 장마철에 물이 불었을 때 교우들과 함께 학산에서 나무를 베고 나룻배에 실어 용소막까지 가져왔고, 직접 흙을 빚어 벽돌을 굽는 등 성당 건립에 몸과 마음을 다 바쳤다. 1915년 드디어 아름다운 성당이 세워졌다.

용소막성당 터에 얽힌 재미있는 이야기가 전해온다.

시잘레 신부가 처음 성당을 지으려고 했던 곳은 신림역 뒤쪽이었다. 어느 날 신심 깊은 교우 꿈속에 수염이 긴 백발노인이 나타나서 이렇게 말했다.

"앞으로 30년 후에는 이곳으로 철마가 지나갈 터이니 저쪽 산 밑에 성당을 지어라."

꿈이 너무 신기해 그는 다음날 교우와 함께 꿈속 노인이 알려준 곳을 찾아가 보았다. 현 성당 터에서 약 100m가량 떨어진 곳인데 성당을 짓기엔 너무 좁았다. 결국 현 위치로 옮겨 짓게 되었고 성당 건립 30년 후 중앙선 철로가 개통되면서 '철마'가 지나게 되었다. 꿈속에 나타난 '수염이 긴 백발노인'은 누구였을까?

용소막성당 마당은 고 선종완(라우렌시오, 노렌조) 신부 생가터다. 선종완은 히브리어와 아랍어 구약성서를 우리말로 처음 번역한 '말씀의 성자'다. 1955년 9월 3일부터 1976년 7월 11일 선종하기까지 21년간 성서번역에 몸 바쳤던 성서학자다. 용소막성당이 세워진 1915년 선치태(라파엘)와 정치영(카타리나) 사이에서 3대 독자로 태어났다. 신림초등학교에 입학

하였다가 5학년 때 봉산초등학교로 옮겼다. 졸업 후 소신학교로 불리던 동성상업학교 을조반을 거쳐, 1936년 용산 예수성심신학교(현 가톨릭대학교)에 입학하였다. 그는 라틴어와 프랑스어 외에도 성경연구에 기초가 되는 히브리어를 따로 공부했다. 학교를 마칠 때쯤에는 그리스어 원문 성경을 막힘 없이 읽을 수 있었고, 히브리어, 그리스어, 아람어, 라틴어, 아르메니아어, 시리아어, 이탈리아어, 독일어, 프랑스어, 일어 등 외국어를 자유롭게 구사하며 성서학자로서 기초를 닦았다. 1942년 2월 14일 명동성당에서 사제품을 받고 신부가 되었다. 28세였다. 일본 중앙대학, 로마 우르바노대학, 로마 성서대학 연구과 졸업 후 귀국하여 약 1년여(1954년 3월부터 이듬해 3월까지) 횡성과 춘천 소양로 본당 신부로 있었다. 이때 교우들이 성서 지식이 없고 복음 정신과 동떨어진 삶을 사는 것을 보고 충격을 받고 성서번역의 필요성을 절감하였다고 한다.

선종완은 1955년 3월 혜화동 대 신학교 교수가 되었다. 그는 천주교회가 성서번역보다 성당 건축과 눈에 보이는 겉치레 행사에 치중하는 모습을 보고 '보물 없는 창고만 지어놓은 어리석은 부자' 같다며 안타까워했다. 그는 "한국인이 한국말로 된 성서를 보게 하는 것이 소원"이라고 하며 1955년부터 히브리어로 된 구약성서 번역을 시작했다. 3년 만에 창세기를 번역했고, 1963년 구약성서 번역을 마무리했다. 선종완 신부의 구약성서 번역본은 1977년 가톨릭과 개신교 공동번역성서가 나오기 전까지 천주교회에서 우리말로 된 유일한 구약성서였다. 구약성서 번역과 발간비용 조달을 위해 혜화동 신학교 뒷산에 메추라기를 키워 알을 판매했던 일화는 천주교회 안에서 오랫동안 회자(膾炙)되었다. 구약성서 우리말 번역에 이어서 1968년 1월 6일부터 1976년 7월 11일 선종하는 날까지 개신교와 가톨릭 신·구약 성서 공동번역에 몸 바쳤다.

히브리어 구약성서 번역자로 가톨릭은 선종완 신부, 개신교는 문익환 목사가 위촉되었다. 신약성서 번역자는 10여 명 되었지만, 구약성서 번역자는 인원도 적었고 시간도 많이 걸렸다. 공동번역 취지는 우리 정서에 맞는 어휘를 쓰고, 쉽고 재미있게 번역하여 일반인도 성서를 가까이할 수 있게 하자는 것이었다.

공동번역 성서는 그동안 '천주님', '하나님'으로 부르던 신의 명칭을 '하느님'으로 통일했고, 마치 시를 읽는 듯한 빼어난 문체와 토속적인 우리말을 썼다. 이때 번역 작업이 얼마나 힘들었던지 선종완 신부는 "몽둥이 말을 비단 말로 바꾸는 작업"이라고 했고, "자고 나면 머리카락이 한 줌씩 빠졌다."고 했다.

문익환 목사는 신명기 번역 독회 때의 일을 회상하면서 이렇게 말했다.

"전날 읽기 모임을 마친 부분을 아침에 다시 읽는 것을 듣고 선종완 신부가 '이제 하느님도 한국말을 제대로 할 수 있게 되었군요. 하느님이 우리말을 제대로 하기까지 2백 년이 걸렸으니 우리말도 어지간히 어려운 말이에요, 라고 했어요. 그는 오로지 좋은 성서번역 이외에는 바라는 게 없는 사람이었어요."

신·구약 성서 공동번역은 선종완 신부 선종 1년 후 1977년 4월 10일 완성되었다. 8년 만이었다. 그가 일생 모범으로 삼은 사람은 예로니모 성인이었다.

예로니모 성인이 말했다.

"성서를 모르는 것은 그리스도를 모르는 것이다."

필자는 신·구약 공동번역 성서를 읽을 때마다 최초 한글 교리서 《주교요지》를 펴낸 다산의 셋째 형 정약종과 청나라에서 들여온 《성경직해광익》을 우리말로 번역한 역관 출신 순교자 최창현 등 성서번역에 몸 바쳤던 선조들의 모습을 떠올리곤 한다.

용암 삼거리다.

제천과 원주를 오가던 보부상이 다리쉼을 하며 목을 축이던 주막이 있었고, 송진이나 솔뿌리, 관솔로 기름을 만들던 공장도 있었다고 하는데 흔적은 찾아볼 수 없고 자동차만 굉음을 내며 달려가고 있다.

신림천 둑방으로 들어섰다. 강에서 노인이 다슬기를 줍고 있다.

"거기 뭐 좀 나와요?"

노인은 고개를 끄덕이며 한 손 가득 다슬기를 보여준다. 고기 비늘처럼 반짝이는 강물과 어우러져 한 폭의 풍광을 자아낸다.

옆에 있던 도반은 "냇가에서 물장구치며 놀다가 족대로 고기 잡던 어린 시절 풍경이 떠오른다."고 했다.

풍경은 잠들어 있던 먼 기억을 불러온다.

신림천에서 다슬기를 줍고 있는 노인. 가을 햇살과 어우러져 물아일체 된 그림 같은 풍광을 보여준다.

신림(神林)은 '신의 숲'이다.

'귀신 숲', '당 숲'으로 불렀다. 신림은 옛 가리파면이었다. '가리'는 '갈라지다.'는 뜻이고, '파'는 고구려어로 언덕, 바위를 뜻한다. 원주는 한때 고구려 땅(평원)이었다. 금대리와 신림을 가르는 치악재 옛 이름이 '가리파재'다. 가리파재는 보부상이 넘어 다니던 고개였다. '가리패재', '잿말랭이'라고도 한다. 보부상은 산 넘고 물 건너 조선 팔도 장터와 저잣거리를 오갔던 길 위의 인생이었다. 봇짐장수 보상과 등짐장수 부상을 아우르는 말이다. 봇짐장수는 방물 고리에 화장품, 비단, 패물 등 장신구를 담아 양반집 안채를 드나들었고, 등짐장수는 생선, 소금, 옹기, 유기, 곡식, 피륙을 지게에 지고 다니며 팔았다. 지게에는 밥그릇과 짚신, 곰방대를 매달았고, 저고리에는 누비 배자를 걸쳤다. 뱃구레에는 돈주머니를 찼고, 장딴지에는 각반을 찼다. 손에는 작대기 겸 호신 도구인 물미장을 들었고, 머리에

가리파재 치악 · 백운 성황계비   조선 말엽 보부상 모습

는 패랭이를 썼다.

　패랭이 양쪽에는 목화솜을 달았다. 사연이 있다. 고려 말 이성계가 변방에서 부상당했을 때 한 보부상이 목화솜으로 치료해주었다. 이성계는 왕이 되자 은혜에 보답하는 뜻에서 패랭이 왼쪽에 목화솜을 달게 했다. 또 인조가 병자호란 때 남한산성으로 피신하던 중 보부상한테 도움을 받았고 역시 보답하는 뜻으로 패랭이 오른쪽에 목화솜을 달게 하였다.

　가리파재는 골이 깊고 숲이 우거져 고개를 넘던 보부상이 호랑이에게 물려가는 일이 자주 있었다. 가리파재 치악산 백운 성황계비에는 호환 당하지 않게 해 달라고 빌었던 보부상의 소망이 깃들어 있다. 가리파면은 1917년 신림면이 되었다.

　'보은의 고장' 표지석에서 치악산 '꿩의 보은 설화'를 떠올리며 소공원으로 향했다.

신림 소공원이다. 출향인사와 지역단체장이 세운 '대한민국 정부 수립 50주년 기념탑'과 1992년 신림면민이 세운 '박정희 대통령 지하수 개발 유적비'가 서 있다. 지금은 아무리 가물어도 수도꼭지만 틀면 물이 펑펑 쏟아진다.

케냐에 다녀온 곽신 목사가 말했다.

"한국은 복 받은 나라다. 사계절이 뚜렷하고 물이면 물, 쌀이면 쌀, 없는 게 없다. 케냐는 가뭄으로 먼지만 풀썩인다. 물이 없어 수도 나이로비에서 날라다 먹고, 먹을 게 부족해 하루하루 전쟁이다."

세상에 당연한 건 없다. 조금 시끄럽긴 하지만 밖에 나가보면 그래도 대한민국만한 나라가 없다.

'언당골'과 돌배나무가 있었다는 배나무 거리다.

언당골은 '언골'과 '당뒤'를 모아 지은 이름이다. '언골'은 골짜기 남쪽이 산으로 막혀서 봄이 되어도 눈이 녹지 않고 얼어있다고 '언골'이라 하였고, 일제강점기 때 은을 캤다고 '은골'이라 하였다. '당뒤'는 성황당 뒤에 마을이 있었다고 '당후동'이라 하였다. 1980년대 성황당이 없어지고, 주포천 (치악산 성남리에서 신림으로 내려오는 하천) 옆에 소나무 20여 그루만 남아있다.

언당골 사는 지인과 함께 근처 식당에서 밥을 먹은 적이 있다. 주인에게 언당골 유래를 물어봤다. 주인은 "손님 중에 언당골 유래를 물어본 사람은 당신이 처음이다."라고 했다.

싸리치 옛길 난간석. 1990년 길 밑으로 굴이 뚫리면서 방치되어 있었으나 2002년 모두 정비하여 명품 길이 되었다.

그날 주인은 기분이 좋다며 밥값을 받지 않았다.

명성수련원 뒷길이다.

싸리치 옛길로 들어섰다. 걷다 보면 마음속에 담아두었던 말이 술술 흘러나온다. 필자는 누구든지 스스로 말하지 않으면 과거에 무슨 일을 했는지 묻지 않는다. 걷기 위해 모였는데 과거 경력이 무슨 소용이 있단 말인가? 나이가 많든 적든 반말하지 않고 호칭도 무조건 '선생님'이라 부른다. 이게 별 것 아닌 것 같지만 여럿이 모여서 함께 걷다 보면 상대방에 대한 소소한 배려가 모임 분위기를 좌우한다.

김미화가 말했다.

"남원주 중학교 뒤에서 26년간 칼국수 집을 했다. SBS '맛집 멋집'이란 프로그램에도 나왔다. 돈은 벌었지만, 몸이 아팠다. 안 아픈 데가 없었다. 가게를 그만두고 병원에 다녔으나 소용없었다. 걷기와 수영으로 병을 고쳤다." 돈만 좇다 보면 몸이 망가진다. 걸어야 산다. 두 다리가 의사다.

박재홍이 말했다.

"원주에 30년 살았지만, 이 길은 처음이다. 밖으로 나오니 시야가 트이고 마음이 열린다."

옆에 있던 이현교가 말을 이었다.

"걷기 나오기 전에는 시내버스 요금이 얼마인지도 몰랐다. 걸으면서 지정, 부론, 문막 등 원주 지리도 알게 되었고 시내버스 노선도 알게 되었다."

먹고 살고 자식 키우느라 집과 일터만 오가며 살아온 세대다. 시간을 내어 가까운 길을 걸으며 충전의 시간을 가져야 한다.

스티븐 호킹이 말했다.

"재미가 없으면 인생은 비극이다."

군데군데 밤송이와 도토리가 떨어져 있다. 가을은 그저 바라만 보아도 넉넉하다.

싸리치 쉼터다.

카페가 따로 없다. 간식을 먹고 다시 길을 나섰다. 싸리치 옛길은 비포장 국도였다. 추락 방지용 난간석이 군데군데 남아있다. 뽀얀 먼지를 일으키며 덜컹대며 달려가던 완행버스 모습이 떠오른다. 싸리치는 역사의 길이다. 궁예도 넘었고, 단종도 넘었고, 김삿갓도 넘었으며, 의금부도사 왕방연이 사약을 들고 비통하게 넘었던 눈물의 길이다.

궁예는 죽주(안성) 초적 기훤의 부하로 있다가, 양길의 부하로 말을 갈아타고 원주 신림면 절골 석남사에 머무르고 있었다. 신라 진성여왕 6년(892) 궁예는 삼국통일의 푸른 꿈을 안고 성남 2리 절골 석남사를 나와 싸리치를 넘었다.

《삼국사기》신라 본기에는 "북원 도적 양길이 부하 궁예에게 기병 백여 명을 주어 북원(원주 옛 지명) 동쪽 부락과 명주(강릉) 관내 주천 등 10여 군현을 습격하게 했다. 궁예는 절 문을 나온 지 3년(895) 만에 명주를 거점으로 무려 3천5백 명 대군을 편성하였다. 사졸과 함께 고생하며 나누거나 빼앗는 일에 이르기까지 공평무사하였다."고 했다.

궁예는 이후 양양, 인제, 양구, 화천, 춘천, 김화, 철원을 거쳐 개경에 이르렀다.

《삼국사기》'궁예전'에는 이때 개경 호족이었던 작제건이 손자 왕건과 함께 궁예에게 귀부하였다고 했다.

"태조(왕건)가 송악군(개성)에서 궁예한테 의탁하니 철원군 태수를 제수하였다. 양길은 북원에 있으면서 30여 성을 빼앗아 소유하고 있었는데 궁예 지역이 넓고 백성이 많다는 말을 듣고 크게 노하여 30여 성의 강병으로 궁예를 습격하려 하였으나 궁예가 기미를 알아채고 먼저 양길을 쳐서 크게 격파하였다." (899년 7월 양평 비뇌성 전투)

궁예는 여세를 몰아 왕건에게 군사를 주어 북원을 장악하게 했다. 왕건은 무진주(전주)에서 군사를 이끌고 올라온 견훤과 건곤일척을 겨루었다. 899년 9월부터 이듬해 4월까지 섬강과 문막평야에서 펼쳐진 '문막전투'다. 문막 들판 좌우로 왕건이 올랐다는 건등산과, 견훤이 성을 쌓고 진을 쳤던 견훤산성이 남아있다.

싸리치는 단종 유배길이었다. 계유정난(1453)으로 피바람을 일으키며 정치 권력을 장악한 수양대군과 쿠데타 세력은 3년 후 사육신의 단종복위 거사를 가까스로 막아냈지만 불안했고 초조했다. 결국 마지막 카드를 꺼내 들었다.

세조 3년(1457) 6월 21일 기록이다.

"전날 성삼문 등이 말하기를, '상왕(단종)도 그 모의(사육신 단종복위 거사)에 참여하였다.' 하였으므로, 종친과 백관이 입을 모아 말하기를, '상왕도 종사에 죄를 지었으니, 편안히 서울에 거주하는 것은 마땅하지 않습니다.' 하고, 여러 달 동안 청하여 마지않았으나, 내가 진실로 윤허하지 아니하고 처음 먹은 마음을 지키려고 하였다. 지금에 이르기까지 인심이 안정되지 아니하고 계속 잇달아 난을 선동하는 무리가 그치지 않으니, 내가 어찌 사사로운 은의로써 나라의 큰 법을 굽혀 하늘의 명과 종사의 중함을 돌아보지 않을 수 있겠는가? 이에 특별히 여러 사람의 의논을 따라 상왕을 노산군으로 강봉하고 궁에서 내보내 영월에 거주시키니, 의식을 후하게 봉공하여 종시 목숨을 보존하여서 나라의 민심을 안정시키도록 하라."

이튿날 6월 22일 단종은 창덕궁 정문 돈화문을 나와 첨지중추원사(중추원 정3품) 어득해와 군사 50명의 호송을 받으며 영월 청령포까지 칠백 리 유배길에 올랐다. 유배길은 관동대로를 이용한 육로가 아니라 한강과 남한강을 거슬러 오르는 수로였다. 민심의 동요를 우려해 백성의 눈길이 덜 미치는 수로를 선택한 것이다. 단종은 청계천 영도교에서 정순왕후와 눈물의 이별을 하고 청계천과 중랑천이 만나 한강으로 흘러드는 살곶이 다리를 건넜다. '살곶이'는 왕자의 난 이후 함흥으로 간 이성계가 한양으로 돌아오면서 마중 나온 이방원을 향해 화살을 쏘았으나 피하는 바람에 빗나간 화살이 꽂힌 곳이라는 이야기가 전해온다.

단종은 태조 때 만든 말먹이 목장 살곶이벌이 바라보이는 화양정에서 환관 안노의 전송을 받은 후, 태종 별장이 있던 자양동 낙천정 부근에서 하룻밤을 머물렀다.

6월 23일 세조가 보낸 내시부 우승직(종5품) 김정의 문안을 받고 광나루로 향했다(광나루에서 영월 청령포까지 이동경로는 정사나 야사에는 나오지 않으며 《세조실록》, 단종 역사관 자료, 윤동완의 《단종의 비애 세종의 눈물》, 원주 지명유래집, 원주 문화관광해설사 양완모, 문막 토박이 양태화 면담, 필자의 현지답사 등을 종합하여 추정하였다.). 단종이 탄 배는 광나루에서 도미나루로 향했다. 도미나루까지는 약 20km로서 한강을 거슬러 오르려면 내려오기보다 두 배나 힘이 든다. 도미나루에는 공무수행 관리에게 숙식을 제공하던 도미원이 있어 또 하루 머물렀다. 6월 24일 유배행렬은 백성이 몰려나와 배 뒤쪽을 향해 통곡하며 큰 절을 올렸다는 '배알미리(拜謁尾里)'를 지나 남한강 쪽으로 방향을 틀어 양근나루에 닿았다. 양근나루 2km 지점에 오빈역이 있어서 미리 준비한 숙식 지원을 받을 수 있었다. 6월 25일 다시 배에 오른 단종은 약 12km를 거슬러 올라 여주 이포나루에 닿았다. 광나루에서 이포나루까지는 약 55km

물길로서 등 뒤에서 바람을 받으며 빠르게 거슬러 올라도 하루에 20km 나아가기도 빠듯했다.

이포나루에서 내린 단종은 다시 길을 나섰다. 이번에는 수로가 아니라 육로였다. 이포나루에서 조포나루(신륵사 건너편) 지나 부론 흥원창까지 남한강을 거슬러 오르는 하루 반 물길(약 35km)은 중간 숙박지가 마땅치 않고, 봄, 여름 극심한 가뭄으로 수심이 얕아서 배 밑바닥이 뾰족한 초마선으로는 뱃길 이용이 어려웠기 때문이다. 세조 3년(1457)에는 '가뭄'이라는 단어가 20여 차례 등장하고 기우제를 아홉 번이나 지낼 정도였다.

단종은 이포나루를 떠나 여주 대신면 보통리와 율촌리, 장풍리를 지나 상구리에 이르자 목이 말랐다. 찌는 듯한 무더위에 호송하는 군사도 땀을 한 말이나 흘렸다. 샘터(어음정 : 임금이 물 마신 곳. 블루헤런 골프장)에서 맑

마포나루, 광나루, 조포나루와 더불어 한강 4대 나루터 중의 하나였던 이포나루. 정선, 영월, 제천, 단양, 충주에서 목재, 농산물, 약재를 싣고가던 뗏목 배와 한양에서 소금과 생필품을 싣고 올라오던 황포돛배 뱃사공이 쉬어가던 곳이다. 1999년 이포대교 준공으로 도선운행이 중단되었다.

고 시원한 물로 목을 축인 다음 고개 너머 고달사가 있는 북내면 상교리에 이르렀다. 상교리에서 행치(幸峙, 임금이 넘은 고개)를 넘고 주암리를 지나 서원리 원골에서 하룻밤을 묵었다.

6월 26일 여주 북내면 서원2리(서화마을)와 양평군 양동면 경계인 서화고개, 강원도와 경기도 경계인 대송치(大松峙, 솔치고개) 너머 원주 지정면 안창리에 이르렀다. 안창리는 관동대로(한양~원주~강릉~평해)가 지나는 교통요충지로서 역과 나루터가 있었다. 단종은 섬강을 건넌 다음 고려 태조 왕건이 올랐다는 건등산을 바라보며 문막읍 등안리, 취병리, 건등리, 후용리 모산고개(경동대학교 정문)를 넘고 노림리를 지나 흥원창에 이르렀다.

흥원창은 섬강과 남한강이 몸을 섞는 두물머리로서 충주 가흥창과 함께 세곡 보관 창고가 있었던 조창이었다. 흥원창은 가을에 거둬들인 세곡을 이른 봄 한양으로 보내고 텅텅 비어 있었다. 평소 초공, 수수 등 일꾼들과 판관이 머물던 숙박시설이 있어 유배행렬(65명)이 쉬어가기에 넉넉했다.

6월 27일 흥원창을 나와 법천리와 손곡리 벌말 삼거리를 지나 또 한 고개를 넘었다. 현계산 서쪽과 풍점고개 동쪽 능선 사이에 있는 어재(御재, 420m. 임금이 넘었다는 고개)였다. 유배행렬은 거돈사와 작실을 지나 부론면 단강리 단정에 이르렀다. 단종은 시원한 느티나무(폐교된 단강초교 교정에 있음) 밑에서 노파가 떠 주는 물 한 바가지를 마시며 호송하는 군사들과 함께 땀을 식혔다. 이어서 신라 마지막 경순왕이 왕건에게 나라를 바치고 미륵산 밑에 암자를 짓고 머물렀다는 귀래에 이르렀다.

6월 28일 배재를 넘었다. 원주 귀래면 운남리와 제천시 백운면 화당리를 잇는 옛 고개로서 귀래 백성이 단종 유배행렬이 지나갈 때 큰 절(拜, 절 배)

횡성 태기산에서 발원한 섬강과 태백산 검룡소에서 발원한 남한강이 몸을 섞어 여주를 지나 한강으로 향하는 두물머리 흥원창(원주 문화관광해설사 정태진 제공)

을 했다는 이야기가 전해온다. 화당리를 지나 구학산을 바라보며 구럭재(운학재)를 넘고 여름 해가 서산으로 뉘엿뉘엿 넘어갈 무렵 신림역에 이르렀다. 미리 연락을 받고 기다리던 찰방은 유배행렬이 쉬어갈 수 있는 만반의 준비를 갖춰 놓고 있었다.

6월 29일 단종은 신림 싸리치를 넘고 주천 솔치고개에 이르러 샘터에서 호송 책임자 어득해가 떠 주는 시원한 물 한 바가지를 마셨다. 이 샘터가 어음정(御飮井)이다. 일행은 어음정에서 산길을 내려가 공순원에 이르러 마지막 밤을 보냈다. 공순원이 아니라 약 1km 떨어진 신흥역에서 묵었다는 말도 있다.

단종은 잠이 오지 않아 몸을 뒤척이다가 얼핏 잠이 들었다. 할아버지 세종, 아버지 문종, 어머니 현덕왕후 권씨(단종을 낳고 하루 만에 죽었다), 왕비 정순왕후, 김종서, 황보인, 성삼문, 박팽년 등 숨겨간 충신들이 연이어 나타났다 사라졌다.

단종유배길 솔치고개 어음정　　　　　　단종이 마지막 밤을 보낸 공순원

　　7월 1일 단종과 유배행렬은 군등치와 배일치, 옥녀봉을 지나 청령포에 닿았다. 6월 22일 창덕궁 돈화문을 나온 지 9일 만이었다. 다음날 세조는 신하와 군사를 불러놓고 큰 잔치를 베풀었다. 세조 3년 7월 2일 기록이다.

　　"경회루 밑에서 잔치를 베풀었다. 종친 2품 이상과 육조 참판 이상, 판중추원사, 한성 부윤, 예문관제학, 경기관찰사가 참석하였고, 세자와 종친, 재추(宰樞, 종2품 이상 관리)가 차례로 술을 올렸다. 임금은 종을 쳐서 대궐 안에 있는 군사를 경회루에 모이게 한 다음 술을 내려주었다."

　　어린 조카 단종이 청령포에서 피눈물을 흘리고 있는 시간에 숙부 세조는 경복궁 경회루에서 승리의 축배를 들며 만면의 웃음을 짓고 있었던 것이다. 경회루 정자에 울려퍼지는 세조의 쩌렁쩌렁한 "위하여~." 목소리가 들려오는 듯하다. 아! 정치란 무엇이고 권력이란 무엇일까?

　　4개월 후 단종이 죽었다.

세조 3년 10월 21일 기록이다.

"송현수(단종 장인)는 교형에 처하고, 나머지는 아울러 논하지 말도록 하였다. 노산군

이 이를 듣고 또한 스스로 목매어 졸하니 예로서 장사지냈다."

거짓말이다. 단종은 스스로 목을 매지 않았다. 세조가 죽은 뒤, 실록 편찬
과정에서 한명회 등 쿠데타 세력이 사초에 손을 댔다. 손바닥으로 하늘을
가리는 격이다.

242년 후 밝혀진 팩트는 이렇다. 세조의 명을 받은 의금부도사 왕방연이
사약을 들고 싸리치를 지나 영월로 갔다. 단종 사후 242년이 지난 숙종 25
년(1699) 1월 2일 기록이다.

"단종대왕이 영월에 피하여 계실 적에 금부도사 왕방연이 고을에 도착하여 머뭇거리면
서 감히 들어가지 못하였고, 정중(庭中)에 입시(入侍)하였을 때에 단종대왕께서 관복을
갖추어 입고 마루로 나와서, 온 이유를 물었으나 대답하지 못하였다. 그때 앞에서 늘
모시던 공생(貢生, 향교나 서원에 다니던 유생) 하나가 차마 하지 못할 일을 스스로 하
겠다고 자청하고 나섰다가, 즉시 아홉 구멍으로 피를 쏟고 죽었다(乃請自當於所不忍處
便卽九竅流血而斃; 내청자당어소불인처 편즉구규유혈이폐)."

이게 무슨 말인가? 전설은 왕방연이 사약을 들고 문 앞에서 머뭇거리자
지켜보던 유생 화득이 단종 뒤에서 활시위로 목을 졸랐다고 한다. 애절하고
원통한 죽음이었다. 의금부 도사 왕방연은 한양으로 돌아가는 길에 남한강

가에 이르러 강물을 바라보며 비통한 마음을 담아 시조 한 수를 남겼다.

'천만리 머나먼 길에 고운 님 여의옵고 / 내 마음 둘 데 없어 냇가에 앉았으니 / 저 물도 내 안 같아서 울어 밤길 예놋다.'

이 시조가 세상에 알려지게 된 것은 광해군 9년(1617) 병조참의 김지남이 영월 지방 순시 때 아이들이 부르던 노래를 한시로 옮기게 되면서부터였다고 한다.

싸리치 옛길 고갯마루다.

신림 출신 시인 전영찬이 세운 시비가 서 있다. 시 낭송 즉석 이벤트가 벌어졌다. 낭송자는 장기하와 허선화다. 두 사람은 원주에서 이름난 시 낭송 전문가다. 똑같은 시도 그윽하고 낭랑한 목소리로 운율을 넣어 낭송하니 감흥이 봄꽃처럼 화사하게 피어난다.

"싸리치! 산굽이 돌아돌아 골짜기마다 싸리나무가 지천이어 싸리치라네 / 마디마디 거칠어진 손길로 서러움 쓸어내던 싸리 빗자루 / 그 사연 모여 / 보라꽃으로 피어나는가 / 단종의 애환 구름처럼 떠돌고 / 김삿갓의 발길이 전설처럼 녹아있는 영마루 / 무심한 바람결에 / 솔내음 산새 소리 묻어오고 / 수천 년 묵묵히 싸리치는 그렇게 세월을 품고 있다네."

곳곳에서 박수가 터져 나왔다. 구자희가 말했다.

싸리치 표지석

"와아아! 완전 품격 있네. 앞으로 걷기 회원이 되려면 면접시험 봐야 되는 거 아니야?"

시비 앞에서 단종, 궁예, 김삿갓을 떠올리며 봄, 가을 시 낭송 대회를 열어보면 어떨까? 원주의 길도 제주 올레 버금가는 명품 길이 될 수 있다. 하드웨어가 아니라 소프트웨어가 길 품격을 좌우한다.

화가 폴 호건이 말했다.

"자신만의 세계를 창조하지 못하면 다른 사람이 묘사한 세계에 머물 수밖에 없다."

후기

싸리치 옛길은 역사의 길이다. 그냥 걸으면 걷기 길에 불과하지만, 이야기를 발굴하여 역사의 옷을 입히면 명품 길이 된다. 창덕궁에서 청령포까지 단종 유배길이 완전히 복원되어 많은 사람이 걸으며 가슴 아픈 역사를 되새길 수 있었으면 좋겠다.

6코스 매봉산 자락길

매봉산(1,095m) 긴 임도 길이다. 시민들의 건강한 여가활동과 다양한 산림문화(MTB, 산림치유) 체험을 위해 해발 700m~750m 자락에 조성하였다. 임도 건너편 감악산의 아름다운 능선을 보며 걸을 수 있어 트레킹 마니아가 많이 찾고 있다.

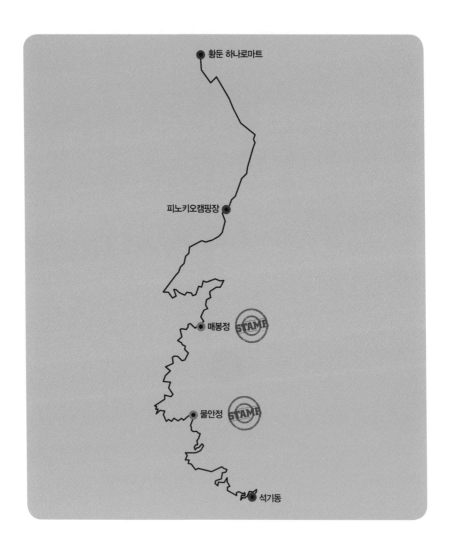

석기동 ~ 피노키오캠핑장 ~ 황둔 하나로마트

순대국밥을 기다리며 나는 배웠다

기다려도 기다려도 버스는 오지 않았다. 뭔가 잘못되어도 크게 잘못되었다는 생각이 든 건, 버스 도착 예정 1시간쯤 지났을 때였다. 시내버스 운행

산은 늘 변화무쌍하다. 해뜨기 직전 산안개 낀 매봉산 임도

상황을 알아보니 버스회사가 경영난으로 운행을 중단했다는 것이었다. 세상에 당연한 건 없다. 모든 상황은 의미의 씨앗을 품고 있다.

상황을 알리자 다섯 명이 봉고차와 승용차를 몰고 나타났다. 자발적인 헌신이다. 어떤 조직이나 집단을 지탱하는 힘은 드러나지 않는 곳에 보석처럼 알알이 박혀있는 '숨은 영웅들'이다.

처음 나온 도반이 있다. 김미분이다.

그는 이름 부르기가 어렵다고 했더니 "이쁜이로 불러 달라."고 했다.

조선시대 사대부는 이름을 함부로 부르지 않았다. 어릴 때는 자를 썼고, 성인이 되면 호를 썼다. 공을 세우면 사후 시호를 내려주었다. 사대부 집 여성은 이름이 없었다. 출가하면 당호를 붙여 사임당 신씨, 윤지당 임씨라 부르거나 친정 지명을 따서 안동댁, 영월댁이라 부르기도 했다. 예외적으로 허균 누이 허초희(난설헌 허씨)처럼 이름을 지어준 부모(허엽)도 있었다.

천민 이름은 어땠을까? 수원성 축조과정을 기록한 《화성성역의궤》에는 노역에 동원된 노비 이름이 등장한다. 작은 끌톱장이 김삽사리, 목수 박뭉투리, 김개노미, 최망아지. 이게 사람 이름인가? 짐승 이름인가?

정조가 다산 정약용의 거중기, 유형거 발명과 더불어 거리와 무게에 따라 공임을 주고, 무더위를 이기는 '척서단'이라는 한약까지 지어주며 사람대접 해준 덕분에 10년 계획한 공사를 2년 9개월 만에 완공할 수 있었으니.

'내가 그의 이름을 불러주기 전에는 그는 다만 하나의 몸짓에 지나지 않았다. 내가 그의 이름을 불러주었을 때 그는 나에게로 와서 꽃이 되었다.'

석씨 성을 가진 선비가 숨어 살았다는 석기동이다.

기온이 뚝 떨어진다. 한기가 으슬으슬 몸속으로 파고든다. 구불구불 임도 따라 산안개가 휘감아 돈다. 숲 안개 사이로 아침 햇살이 눈 부시다.

여자들이 이 순간을 놓칠 리 없다. 흩어졌던 자들이 순식간에 모델이 된다. 이슬 머금은 영롱한 코스모스다. '사람이 꽃보다 아름다워.'라고 노래했던 안치환이 생각난다.

황둔천 안쪽 마을 물안동이다.

여자들은 사진기 앞에 서면 누구나 모델이 된다.

치악산 명주사 고판화박물관

골짜기에 명주사(明珠寺) 고판화박물관이 있다. 2003년 창건한 태고종 사찰이다. 명주는 지옥 중생을 구제하기 위해 지장보살이 들고 다니는 '밝은 구슬'이다. 고판화박물관은 목판화박물관이다. 목판화는 그림도 있고 글씨도 있다.

김홍도의 '오륜행실도', 조엄의 '조선통신사행렬도' 목판본이 있으며, 강원유형문화재 7점, 목판 원본 1,800여 점, 목판 서책 200여 점, 판화 자료 200여 점 등 모두 4,000여 점 유물이 있다. '오륜행실도'는 조선 최고 목판이다.

고판화박물관장 한선학은 동국대에서 불교미술(조각)을 전공했다. 15년간 군종 법사를 지냈고 1998년 전역 후 선원(禪院) 세울 땅을 보러 다니다가 20년 전 천막을 치고 설법을 시작했다.

2017년 6월 17일 〈중앙일보〉 '박정호의 사람풍경'에서 "1996년 국방부 법당 주지 시절 중국 안휘성 구화산에 성지순례 갔다가 항주 골동품 야시장에서 법당에 놓을 도자기 불상을 3만 5,000원에 샀다. 서울에 와보니 비슷한 불상이 1,000만 원 했다. 인사동과 장안평, 답십리, 청계천 골동품상을 뒤졌고, 중국과 티베트, 몽골, 일본 등으로 수집범위를 넓혀갔다. 한때 인사동 사람들이 '이상한 스님이 돈도 안 되는 중국 목판을 사들인다.'고 수군댔는데 이제는 오히려 무릎을 치며 선견지명이 있었다고 한다. 고판화는 인쇄문화의 꽃이다. 불교, 유교 전통사상의 핵심을 그림으로 집약해 보여준다. 목판화는 디자인 요소가 강해 다양한 용도로 쓰일 수 있다. 21세기는 문화의 시대다. 불교는 포교 중심에 문화를 놓아야 한다. 박물관을 열면서 판화체험 교실을 열었고 템플스테이도 하고 있다. 모든 활동을 나누고 베푸는 보시(布施)라고 생각한다."라고 했다.

이어서 "불교의 가르침은 무소유이고, 부처는 모든 괴로움은 소유에서 온다고 했는데 중이 이렇게 물건에 매달려도 되나 하는 생각도 했다. 이제는 다 버리고 갈 수 있다. 고판화라는 새 영역을 개척한 것만 해도 행복하다. 박물관은 창의성 발전소다. 박물관에 자주 올수록 자극을 받고 스파크가 튄다."라고 했다.

목판화를 실생활에 응용할 수는 없을까? 한지와 목판화를 결합해서 상품을 만들 수는 없을까? '판화체험교실'만으로는 부족하다. 목판화가 대중에게 다가가려면 손에 잡히는 무엇이 있어야 한다.

제천 박달재 밑에 사는 목판화가 이철수는 "마음을 열고 들으면 개가 짖어도 법문"이라고 했다.

물안정이다.

정자에 모여 여강길 걷기 참가 의견을 물었다. 의견이 분분하다. 민주주의는 시끄럽다. 어떤 선택이든 구성원이 참여하면 뒷말이 적다. 공개해서 중지를 모으는 게 좋다. 토론 문화가 있는 모임과 없는 모임 차이는 크다. 걷기에도 때로는 정치와 비즈니스 그림자가 어른거릴 때가 있다. 어떤 때는 일주문을 지키는 사천왕이 되어야 하고, 어떤 때는 천국 열쇠를 쥐고 있는 베드로가 되어야 한다. 어떤 조직이든 완장으로 산다는 건 쉽지 않은 일이다.

누가 "여강이 여주와 강릉을 말하느냐?"고 물었다.

난감했다. 완장이 나섰다.

"여강은 여주 앞을 흐르는 강이다. 여주 옛 지명은 고구려 때 골내근현, 고려 때는 신륵사 건너편 바위에서 누런 말과 검은 말이 나왔다고 황려(黃驪)였다. 이후 여흥을 거쳐 조선 예종 1년(1469) 여주목이 되었다. 신륵사 앞을 지나는 남한강을 검은 말 '려(驪)' 자를 써서 '여강(驪江)'이라 부른다. 정철의 관동별곡 '흑수로 돌아드니 섬강은 어드메뇨.'에 등장하는 '흑수'가 바로 여강이다."

길 위에서 묻고 답하니 이게 바로 산 공부다. 역사는 책이나 박물관이 아니라 길 위에 있다. 길이 곧 책이요, 박물관이다.

다시 길을 나섰다. 파란 하늘 속으로 풍덩 뛰어들고 싶다.

"와아아! 하늘 좀 봐요."

매봉산 가을 하늘. 벽공 속으로 풍덩 뛰어들고 싶다.

고개를 젖혀 하늘을 바라보니, 티끌 한 점 없는 벽공이다. 하늘을 쳐다보는 자와 사진에 담는 자가 어우러져 또 하나의 풍광을 만들어낸다.

강경남이 양 갈래로 땋은 머리에 야생화를 묶었다.
그는 "뜨개질로 덧옷을 만들고 조각 천을 모아 가을옷을 디자인하고 있다."고 했다. 톡톡 튀는 아이디어로 바늘과 실만 있으면 무슨 옷이든 뚝딱 만들어내는 재야 디자이너다. 돌아보면 가난했던 시절 해어진 옷과 양말을 꿰매고 다듬어서 올망졸망 딸린 자식을 입히고 키워냈던 옛 어머니들은 최고의 생활 디자이너였다.

재야 디자이너 강경남이 머리에 야생화를 묶고 걸어가고 있다.

매봉정이다.

"매봉이 어디지요?"

2000년 초 원주시 경계 탐사에 나섰던 권오봉이 말했다.

"탐사 다닐 때 오른쪽이 매봉이고, 왼쪽이 응봉이라고 들었어요."

매봉 유래를 둘러싸고 두 가지 설이 있다. 매봉 꼭대기에서 매를 날려 꿩과 토끼를 사냥했다는 설과 석기동에서 바라본 모습이 매 부리처럼 생겨서 매봉이라 불렀다는 설이 있다.

피노키오캠핑장으로 향했다. 말이 쏟아진다. 말들이 햇살을 타고 허공으로 퍼져 나간다. 걷기는 대화의 광장이다. 온갖 이야기가 쏟아져 나온다. 무슨 해결책이 있는 것도 아니다. 그저 들어주기만 해도 절반은 풀린다.

시인 이기철은 "한마디 말이 한 그릇 밥이 될 때 마음의 쌀 씻는 소리가 세상을 씻는다."고 했다.

백두대간 종주에 나선 이미숙이 말했다.

"부자가 함께한 8년간의 백두대간 종주기 《아들아! 밧줄을 잡아라》 1 · 2 권을 모두 읽었다. 어떤 때는 조마조마했고 어떤 때는 환호했다. 중 2부터 청년 때까지 성장 과정이 그대로 들어있고, 집안 분위기도 엿볼 수 있어서 좋았다."

길 위에서 독자 이야기를 듣는 일은 기쁨이요, 보람이다.

긴 오르막이다. 나이든 자매가 손잡고 도란도란 걷고 있다. 언니가 힘들어하자 동생이 손을 잡아준다. 요즘 보기 드문 흐뭇한 광경이다.

피노키오수련원이다.

냇가 바위틈에 다슬기가 오글오글 모여있다.

이현교가 말했다.

"다슬기 줍는 것도 힘들지만 까는 게 더 힘들다."

옆에 있던 최미영이 말을 받았다.

"엎드려서 줍다 보면 허리가 아프다고 친구는 물속에 앉아서 줍는다. 얼마 전 다슬기를 주워서 친정엄마에게 갖다 주었더니 소일거리가 생겼다고 무척 좋아했다. '엄마는 아들이 먼저 세상을 떠난 다음 울적했는데, 다슬기를 까니 잡념이 생기지 않아서 좋다.'고 했다."

늙은 부모에게 말동무가 되어주고 소소한 일거리를 맡겨서 심심치 않게 해주는 것도 좋은 효도다.

피노키오캠핑장을 나오자 소야(小野)다.

소가 죽었다고 '소골', 황새가 많았다고 '소학동(巢鶴洞)'이다. 민초들은 이야

길 내기도 어렵지만, 관리도 만만찮다. 깎아도 깎아도 풀은 계속 돋아나고 여름부터 초가을까지는 풀과의 전쟁이다.

기꾼이었다. 우리말 지명에는 민초들의 삶에서 우러나온 해학이 깃들어 있다.

논둑에서 풀을 깎고 있는 원주시걷기여행길 안내센터 시설팀장을 만났다. 세상에 당연한 건 없다. 길을 편하게 걸을 수 있는 건 보이지 않는 자의 노고 덕분이다.

원주 굽이길 개척자에게 길 내면서 겪었던 에피소드를 들은 적이 있다. 그는 "길을 내다보면 어쩔 수 없이 사유지를 지나야 할 때가 있다. 땅 주인에게 양해를 구하면 예외 없이 묻는 게 세 가지 있다. 첫째, 보상이 되느냐? 둘째, 개발이 되느냐? 셋째, 언제 길이 나느냐다. 처음에는 순순히 허락해 주었지만 막상 길을 내고 사람이 지나다니게 되면 어느 순간 마음이 변해서 길을 다른 곳으로 돌려 달라고 할 때가 있다. 이럴 땐 참 난감하다."고 했다.

매사가 돈이다. 길 내기도 어렵고 관리도 만만치 않다. 길에는 지자체, 산림청, 국립공원공단, 종교단체, 지역주민 등 많은 이해관계자가 얽혀있다. 길을 바꾸거나 고치려면 타당한 이유가 있어야 하고 실행까지 시간이 걸린다. 참고 기다려주어야 한다. 겉보기와 달리 알고 보면 세상에 쉬운 일은 하나도 없다.

황둔이다. 순대 국밥집이다. 예약을 했는데도 준비가 덜 되었다. 김이 모락모락 나는 순대국밥을 기다리며, 시인 오마르 워싱턴의 시를 떠올렸다.

"나는 배웠다 / 인생에서 무엇을 손에 쥐고 있느냐보다 / 누구와 함께 있느냐가 더 중요하다는 것을 / 무슨 일이 일어나느냐보다 그 일에 어떻게 대처하는 것이 더 중요하다는 것을 / 무엇을 아무리 얇게 베어도 거기엔 늘 양면이 있다는 것을 / 결과에 연연하지 않고 마땅히 해야 할 일을 하는 자가 진정한 영웅이라는 것을 / 결과에 상관없이 자신에게 정직한 자가 결국 앞선다는 것을."

후기

길은 삶의 축소판이다. 막막한 순간에 천사처럼 등장한 숨은 영웅이 있는가 하면, 다슬기를 보며 친정엄마를 생각하는 효녀도 있었고, 예순 살이 넘도록 우의를 다지며 손잡고 걷는 자매도 있었다. 길 위의 학교와 도반 이야기로 깊어가는 가을 매봉산 길이 더욱 풍성해졌다.

5코스 서마니 강변길

초치에서 여정이 시작된다. 초치에서 송계까지는 자작나무와 소나무, 낙엽송 군락이 이어지고, 송계교에서 섬안이를 지나 황둔까지는 데크길 따라 아름다운 물길이 길게 이어진다. 황둔쌀찐빵 거리에는 구수한 찐빵 냄새가 길 가는 나그네의 발걸음을 멈추게 한다.

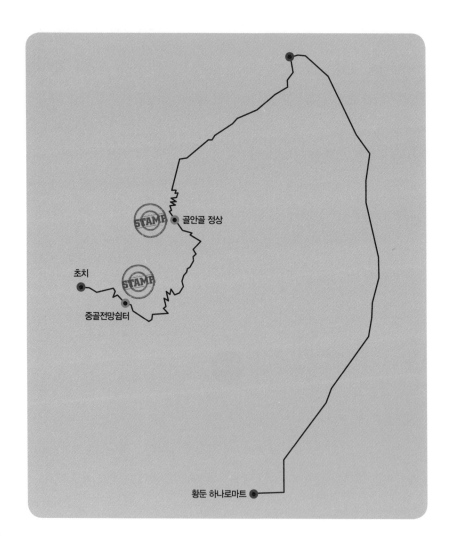

행복하여라. 마음이 가난한 사람들!

길 이름은 알겠는데 무슨 뜻인지 안갯속 같은 길이 있다. '서마니'가 그렇
다. 처음 걷는 도반이 '서마니'가 무슨 뜻이냐고 물었다.

황둔천 강변길 가을 전령사 코스모스가 무리 지어 피었다.

"강물이 마을 안쪽을 휘감아 돌아 섬 안 같다고 '섬안이'라고 하였는데 소리 나는 대로 적다 보니 '서마니'가 되었다."고 했다. 그는 싱긋 웃으면서 "나는 무슨 영어 이름인 줄 알았다."고 했다.

알기 쉽고, 부르기 쉽고, 장소에 어울리는 이름이 좋은 이름이 아닐까?

황둔천이 흐르는 신림면 황둔리는 영월군 무릉도원면(옛 수주면) 두산리, 제천시 송학면 오미리와 닿아있다. 지금이야 3개 시, 군으로 나뉘었지만, 횡성군 강림면과 영월군 주천면은 조선시대 원주목 속현이었다. 1895년 갑오개혁 이전까지 주천에는 보안도 관할 신흥역도 있었다.

'2022 대한민국 독서대전'과 가을 행사로 달아오른 주말을 보내고 길을 나섰다. 가을 들녘은 일주일 사이 황금빛으로 변했다. 산하를 수놓은 형형

황둔천은 주천강을 지나 영월 서강에 닿고, 서강은 동강과 몸을 섞어 충주 지나 부론 흥원창에서 섬강을 품고 다시 양평 두물머리로 나아간다.

색색 단풍에는 머지않아 닥쳐올 혹한을 준비하는 유비무환이 깃들어 있다. 안개가 걷히고 구름 사이로 햇볕이 살짝 얼굴을 내밀자 강물 위로 아침 햇살이 하얗게 부서진다. 섬안이 강물은 큰 거울이다.

신경란이 말했다.

"길 건너에 부모 집 물려받은 20년 지기가 있다. 강 옆에 있는 펜션이 누나 집이다. 걷기 행사 때 펜션 화장실과 마당을 쓸 수 있게 편의를 봐 주었다."

많이 베푸는 자가 부자다.

명리학자 조용헌은 "부자는 식신생재(食神生財) 사주를 갖고 있다. 잘 베푸는 기질이다. 베풀어야 돈이 생긴다. 무심코 베풀었던 게 큰 재물이 되어 돌아오는 것이다. 자식을 위해서 할 수 있는 최선의 행위도 베풀고 나누는 것이다. 이런 게 쌓여 자식에게 간다."고 했다.

콩 심은 데 콩 나고 팥 심은 데 팥 난다. 나누고 베푸는 일은 나무 심기와 같다.

강변길 따라 이야기꽃이 피어난다. 삼삼오오 걸음마다 말들이 바람을 타고 퍼져 나간다. 말 중에 마음에 새길 만한 말을 얻기란 쉽지 않다. 누가 말했다.

"명언집을 읽었다. 세상 좋은 말은 다 모아놨지만 느낌이 없었다. 언젠가 화장실 벽에서 가슴에 와 닿는 글귀를 발견했다. 명언을 명언집이 아니라 화장실 벽에서 발견했다."

서마니 강변길을 도란도란 걸어가고 있는 도반들

지금 나한테 맞는 말이 명언이다. 사람들은 왜 화장실 벽에 낙서를 할까?

지금 걷는 자는 행복하다. 남이 아니라 나를 위해 걷고 있기 때문이다. 오로지 남한테 인정받고 보여주기 위해서 사는 삶에는 향기가 없다.

김대중 · 노무현 대통령 때 청와대 연설 비서관을 지낸 강원국은 "청와대 8년은 매일매일 긴장의 연속이었다. 대통령의 말을 듣고 생각을 읽어내어 대통령의 글을 썼다. 글 속에 나는 없었고 행복하지 않았다."고 했다.

걷는 시간은 온전히 나만의 시간이다. 지금이 중요하다. 지금이 모여 하루가 되고 하루가 모여 일생이 된다.

옆에 있던 이미숙이 말했다.

"내 삶의 모토는 기회가 주어지면 즉시 한다이다."

말 안에 삶의 무늬와 숨결이 담겨 있다. 말은 생각의 창이요, 영혼의 얼굴이다.

섬안이 마을이다.

강물이 섬처럼 생긴 영월군 무릉도원면 도원리를 한 바퀴 휘돌아 나온다고 붙여진 이름이다. 섬안이 마을은 '송계리'다. 삼송리의 '송'과 계야리의 '계'를 모아 지었다.

황둔천이다.

옛 계야강이다. 계야는 기와를 구웠다고 '개와'라고 했는데 한자로 '계수나무 들판' 계야(桂野)가 되었다. 계야에 문자를 쥐고 흔들었던 '펜대잡이'의 무지가 스며있다. 양반의 문자 독점을 깨고 백성도 쉽게 읽고 쓸 수 있는 한글을 만들고자 했던 세종대왕의 백성 사랑 마음을 떠올려본다.

서마니 마을 표지석. 서마니가 무슨 뜻?

'2022 대한민국 독서대전'에서 '빛나는 꽃 청춘'으로 1인 특강을 했던 조철묵이 다가온다.

시인은 "먹고 사느라 앞만 보고 살아왔기에 고생한 얘기밖에 할 게 없었다. 살아온 얘기를 들으면서 울먹이는 사람도 있더라."고 했다.

명강사가 따로 없다. 사람들은 유명 강사의 성공담보다 무명 강사의 고생담이나 실패 이야기에 더 공감한다.

영월군 무릉도원면 갈림길이다.

다리를 건너면 신라 하대 구산선문 중의 하나였던 사자산파(개산조 철감선사 도윤) 법흥사(옛 흥녕사)로 가는 길로 이어진다. 법흥사는 부처님 진신사리를 모신 5대 적멸보궁 중의 하나이며 징효대사 승탑과 승탑비가 있다.

대교펜션이다.

스탬프 앞에 줄을 섰다. 곽신 목사에게 물었다.

"걷기 수첩이 몇 권째에요?"

"아마 열 권은 될걸요. 도장 찍는 재미가 쏠쏠합니다."

파안대소하는 노목사 얼굴에 가을하늘이 들어있다.

'행복하여라. 마음이 가난한 사람들! 하늘나라가 그들의 것이다.'

골안골로 들어섰다.

긴 오르막이 계속된다.

누가 말했다.

"역방향으로 걷는 게 더 힘든데요?"

곁에 있던 도반이 답했다.

"어떻게 매번 편한 길만 있겠어요? 사람이 살면서 고생도 좀 해봐야 고마운 걸 알지요."

이런 말은 쉽게 나오는 게 아니다. 쓴맛 단맛 다 본 고수가 하는 말이다.

둘레길 안내판이다.

박세웅이 말했다.

"처음 온 사람은 헷갈리겠는데요. 만약 혼자 왔더라면 엉뚱한 길로 갔을 겁니다."

처음 걸으려는 자에게 길 찾는 법, 교통편, 걷기 모임을 알려주는 '걷기길 초보자 특강'이 있었으면 좋겠다. 지금 고수도 처음엔 모두 왕초보였다.

시인 고두현은 '처음 출근하는 이에게' 이렇게 당부했다.

"잊지 마라 / 지금 네가 열고 들어온 문이 한때는 다 벽이었다는 걸 / (...) / 집도 사람도 생각의 그릇만큼 넓어지고 깊어지니 / 처음 문을 열 때의 그 떨림으로 / 늘 네 집의 창문을 넓혀라."

도토리와 알밤이 곳곳에 떨어져 있다.

도반이 알밤 줍기에 나섰다.

"친정엄마가 좋아할 걸 생각하니 힘든 줄 모르겠어요. 엄마가 혼자 살 때는 울화병이 있었는데 같이 살면서 많이 좋아졌어요."

이럴 때 보면 아들보다 딸이 낫다. 땀을 식히면서 의견을 물었다. 주제는 교통편이었다.

"다음 코스는 교통이 불편한데 무슨 방법이 없을까요?"

알밤 하나에 천둥 몇 개, 벼락 몇 개. 알밤을 키우는 건 보이지 않는 자연의 손길이다.

의견이 분분했다. 금방 결론이 나지 않아도 괜찮다. 의견에 무슨 정답이 있겠는가? 앞만 보며 '나를 따르라.' 시대를 살아왔던 세대도 토론장을 펼치니 저마다의 생각을 내어놓는다.

돌아가신 아버지는 "모난 돌이 정 맞는다."라는 말을 수시로 했다. 반골 기질이 있는 아들이 혹여 힘 있는 자에게 덤볐다가 험한 꼴 당할까 봐 걱정했기 때문이다.

노무현 정부 때 홍보수석 비서관을 지냈던 조기숙은 2023년 6월 12일 〈조선일보〉 인터뷰에서 "유럽은 정당 역사가 수백 년이다. 어릴 때부터 부모 손 잡고 정당 가서 학습하고 고등학교 때부터 선거운동하면서 정당인으로 길러진다……. 다수가 정의인 한국 사회에서 당원들이 공천권까지 행사하게 되면서 정책토론은 사라지고 SNS에서 세 사람이 찬성하면 진리가 되는 삼인성호(三人成虎, 세 사람이 모이면 호랑이도 만들 수 있다)가 되었다."고 했다.

길 위에서 산업화와 민주화, 정보화 시대를 거쳐온 도반들이 살아있는 민주주의 학습을 하고 있다.

골안골 열한 굽이길이다.

자연은 곡선이요, 인공은 직선이다. 쭉쭉 뻗은 고속도로보다 굽이굽이 돌아가는 지방도가 낫다. 서리 맞은 나뭇잎이 이제 막 단풍 준비를 마쳤다. 단풍의 속도는 하루 20km다. 설악산 대청봉에서 시작된 단풍은 곧 치악산에 다다른다. 걸으면서 이야기를 듣는 일은 흥미롭다.

주말마다 한남금북정맥과 낙동정맥을 걷고 있는 권오봉이 말했다.

"젊었을 때는 무조건 먼 길을 빨리 걸으려 했는데, 이제는 천천히 오래 걸

골안골 열한 굽이길

어야겠다는 생각이 들어서 거리와 속도를 늦추고 있다.”

젊음은 KTX요, 늙음은 무궁화호다.

시인 문태준은 '느림보 마음'에서 “가을을 걸어갈 때에 우리는 더 이상 길과 길의 거리를 지배하려고 하지 않아도 된다 / 우리가 구태여 바벨을 들어 올리는 역사(力士)처럼 살아야 할 이유가 없다 / 내가 원하는 만큼의 속도로 걷기만 해도 / 가을은 충분히 우리를 행복하게 해준다.”라고 했다.

삶의 속도를 조금만 늦춰보자. 늦추면 보이지 않던 것들이 보이기 시작한다.

중골 전망대다.

이현교가 말했다.

“지난겨울 첫눈 오던 날 이 길을 걷던 모습이 눈에 선하다.”

장소는 추억을 불러온다. 첫눈, 첫사랑, 첫 만남이 주는 이미지는 아련하고 선명하다.

멀리 감악산과 황둔 마을이 조화롭다.

'가마 바위가 있다.'는 감악산은 '감암산'이라 불렀다. 8부 능선에 암벽을 이용하여 돌로 쌓은 산성이 있다. 정상에는 일출봉과 월출봉이 있고, 남서쪽 불당골에는 신라 문무왕 2년(662) 의상대사가 세운 백련사도 있다.

초치다.

중골 북쪽, 회봉산 서쪽 고개다. 다른 말로 '새터재', '처음치', '첫고개'

중골 전망대. 중이 살아서 중골이라 했다.

다. 고개를 넘으면 영월군 무릉도원면이요, 또 한 고개를 넘으면 횡성군 강림면이다.

중골로 내려섰다. 중이 살아서 '중골'이라 했는데 목탁 대신 소 울음소리만 들린다.

콩밭이다.

이용미가 콩을 보며 말했다.

"다른 음식은 다 할 줄 알겠는데 콩잎은 어렵다. 신랑이 경상도 사람이라 어머니가 해주던 콩잎을 먹고 싶어 하는데 제대로 맛을 낼 수 없다."

세브란스 원주기독병원 30년 영양사의 신랑 사랑이 일편단심 민들레다.

후기

도반 이야기는 살얼음판을 딛듯 조심스럽다. 난삽한 글은 늘 난산이다.

노구소길

송계·황둔마을 사람들과 보부상이 안흥장 보러 갈 때 넘어 다녔던 초치, 중치, 말치를 잇는 옛길이다. 중치는 동부산림청 임도에 들어있어 계곡 길인 뱀골과 무릉도원면 두산리를 우회한다. 운곡 원천석과 태종 이방원의 전설이 남아있는 배항산을 바라보며 노구소에 이르는 고즈넉한 옛길이다.

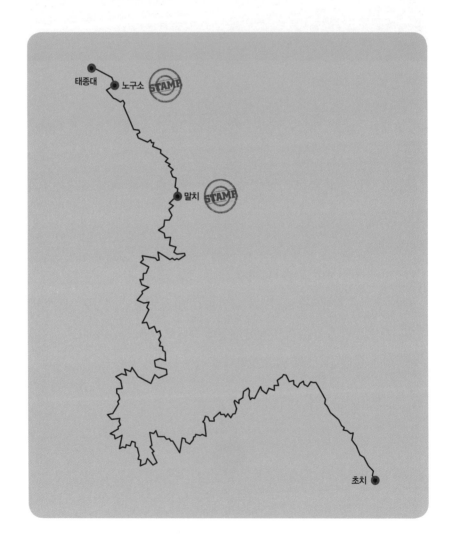

살고 싶었던 만큼 죽고 싶었던

장날은 만남의 광장이요, 물물교환 장소였다. 장마당에는 새끼돼지도 있었고, 막 젖을 뗀 복슬강아지와 아장아장 걸어 다니는 병아리도 있었다. 삽

장날은 물물교환 장소이자 온갖 이야기와 입소문이 오가던 만남의 장소였다.

주 뿌리도 있었고, 백복령과 당귀도 있었다. 참빗과 고무신도 있었고, 고등어와 오징어도 있었다. 장터 국밥집에서 과년한 딸의 혼담을 주고받았고, 바깥사돈을 만나 시집간 딸 안부를 묻기도 했다.

'노구소길'은 황둔 사람이 안흥 장 보러 다니던 옛 고갯길이다. 초치, 중치, 말치에는 고갯마루를 오가며 쑥부쟁이처럼 살다간 보부상 이야기가 곳곳에 남아있다.

18세기 중엽 장터는 1,000여 개였다.

조선 후기 보부상의 삶을 담아낸 《객주》 작가 김주영은 1979년부터 2013년까지 34년간 1,465회 신문연재에 앞서 5년간 전국 장터 200여 곳을 돌며 장터 크기순으로 열다섯 곳을 꼽았다. 강원도에는 평창 대화장이 뽑혔다.

"향시 중에는 경기도 광주 사평장, 송파장, 안성 읍내장, 교하 공릉장, 충청도 강경장, 직산 덕평장, 전주 부내장, 남원 읍내장, 평창 대화장, 황해도 토산 비천장, 황주 읍내장, 봉산 은파장, 창원 마산포장, 평안도 박천 진두장, 함경도 덕원 원산장이 꼽을 만하였으나, 안동 삼베장도 그중 못지않아 잇속을 노리는 장사치끼리는 소문이 파다하였다."

김주영은 1999년 12월 14일 〈조선일보〉 '나의 20세기'에서 "살고 싶었던 만큼 죽고 싶었던 애옥살이를 견뎌온 민초들의 생활사에서도 씻어내려 들면 오히려 부피가 커지는 맵고 짠 역사의 진국들이 배어 있었다."라고

무거운 짐을 멘 부상과 가벼운 봇짐을 펼친 봇짐장수 보상. 보부상은 방방곡곡을 누볐던 물류의 달인이었다.

했다.

1904년 러일전쟁을 취재하기 위해 도쿄에 머물고 있던 스웨덴 종군기자 아손 그렙스트가 조선 곳곳을 돌아다니며 보고, 듣고, 느낀 점을 글과 사진으로 남겼다.

'스웨덴 기자 아손 100년 전 한국을 걷다.'에 보부상 이야기가 등장한다. 아손 그렙스트는 마치 사진 찍듯 글을 썼다.

"나는 공주에서 엄청난 무게의 짐을 운반하는 지게꾼을 보고 나서 내 눈을 의심하지 않을 수 없었다. 코리아 사람 짐 운반 기술에는 수천 년 경험이 녹아있다. 지게는 이상적으로 고안되어 있어서 엄청난 양의 짐을 운반할 수 있다. 코리아 사람을 빼놓고는 이런 방법을 착안한 민족이 없다. 이 장터에서 저 장터로 돌아다니면서 물건을 사서 등에 지고 나라 끝에서 끝까지 돌아다녔다. 행상은 보상과 부상으로 나눌 수 있다. 보상은 봇

짐을 지고 물품을 운반하는데 주로 가벼운 것으로 담뱃대, 가방, 분, 신부 패물, 빗, 다리미, 봉투, 벼루, 허리띠, 안경집, 천 등 산골사람에게 필요한 물건이었다. 부상은 지게를 이용했다. 항아리, 접시, 마른 생선, 과일, 대나무관, 구두 등 팔 수 있는 것이라면 모든 종류가 있었다."

원주에는 안창장(5일, 10일), 흥원창장(3일, 8일), 주천장(1일, 6일), 귀래장(5일, 10일), 읍내장(2일, 7일)이 있었다. 안창은 강원감영 북쪽에 세곡 보관 창고가 있다고 '북창'이라 하였다. 흥원창은 섬강과 남한강 두물머리 은섬포에 있었다. 세곡을 보관했다가 개경과 한양으로 보내던 조창이다. 주천에는 신흥역이 있었고 남한강 물길 따라 세곡과 물산이 오가던 나루터도 있었다. 귀래는 흥원창과 충주 가흥창에서 반나절 거리로서 영서 남부와 충청 내륙을 잇는 교통 중심지였다. 원주 읍내장은 물산을 싣고 흥원창과 섬강을 오르내리던 황포돛배와 세곡선이 닿았다. 일제강점기 육로교통이 발달하면서 안창장과 흥원창장은 축소되고 문막장이 커졌다.

1909년 9월 조선총독부 탁지부 조사에 따르면 문막 장날에 거래되던 물건은 석유, 명태, 절인 생선, 건어, 미역, 벼, 콩, 팥, 땔감, 과자, 종이, 소금 등이었다.

황둔초등학교 방석 소나무다.

농작물에 타는 목마름을 달래주었던 단비가 그치자, 흰 구름 사이로 파란 하늘이 언뜻언뜻 얼굴을 드러낸다.

노구소길은 원주시 신림면 황둔리, 영월군 무릉도원면 두산리, 횡성군 강림면 강림리에 걸쳐있다. 강림면은 옛 원주목 속현인 주천현(주천+수주+강림)이었으나 1895년 영월군에 편입되었다가, 1963년 횡성군 안흥면을 거쳐 1989년 4월 횡성군 강림면이 되었다.

초치 가는 길.

송계리 중골을 지나자 긴 오르막이 시작된다.

비가 그치고 볕이 났다. 들녘은 황금빛으로 출렁이고 코스모스와 구절초가 무리 지어 피어있다.

초치를 넘어서자 영월군 무릉도원면 뱀골 삼거리다.

중치, 황장골, 말치를 잇는 임도와 뱀골, 임진왜골, 무당소, 두만동, 당골, 말치로 이어지는 계곡 길이 갈린다.

뱀골 삼거리에서 시작된 임도는 중치와 황장골 지나 말치에 닿는다.

임도 따라갔던 네 명이 되돌아왔다. 원인 없는 결과가 어디 있겠는가? 뱀골에는 도시에서 집 짓고 들어와 사는 자가 많다.

원주시걷기여행길 안내센터 전덕수는 "마을 사람들이 둘레길에 리본을 달거나 안내판 세우는 걸 반대하고 있어 고민이 많다."고 했다. 영월군과 북부지방 산림청 협조도 받아야 하고 주민도 설득해야 하니 쉽지 않은 일이다.

뱀골 계곡으로 들어섰다.

골짜기는 맑은 물로 세차다. 비 온 뒤 계곡물이 늘었다.

박태수는 "밤새 비가 오더니 콩밭이 한 뼘가량 젖었다."고 했다.

애기단풍이 빨갛게 물들었다. 계곡은 단풍으로 불타기 시작했다.

좀처럼 감정을 드러내지 않는 무뚝뚝한 도반이 말했다.

뱀골에는 원시가 그대로 남아있다. 물소리가 들리는 듯하다.

"아! 가을 맛이 나네."

곁에서도 탄성이 터져 나온다. 자연 앞에 서면 누구나 시인이 된다.

영월군 무릉도원면 배향로다.

배향산이 가깝다. 배향산은 횡성군 강림면 강림리와 영월군 무릉도원면 두산리 사이에 있다. 태종이 스승 운곡을 만나지 못하고 한양으로 돌아가다가 치악산 원통재 나뭇가지에 곤룡포를 걸어놓고 스승이 있는 산을 바라보며 절했다는 이야기가 전해온다. 운곡이 은거한 장소를 두고 주장이 엇갈린다. 원주시는 치악산 밑 변암이라고 하고, 영월군은 배향산 밑 두릉동 도안지라고 한다.

필자는 2022년 여름 원주시 비지정문화재 조사팀과 함께 변암, 배향산, 원통재에 올라 방향을 가늠해 보았다. 야사는 야사대로, 전설은 전설대로 민초들의 선망이 깃들어 있다.

두산리(斗山里)다.

두산리는 매봉산과 배향산 자락에 둘러싸인 산골 마을이다. 1914년 두만동과 배향산에서 각각 한 글자를 따서 '두산리'라 하였다. 두만동은 '임진왜골'이다. 마을에 소나무가 우거져 임진왜란 때 왜군이 당나라 이여송을 피해가듯 마을을 피해갔다고 한다. '두만(頭滿)'에도 두 가지 설이 있다. 산 안쪽을 뜻하는 '둠안'에서 '두만'으로 음이 변했다는 설과 포수 한두만(韓斗滿) 설이 있다. 한두만은 옛날 관청에 산짐승을 잡아 바치는 포수였다. 마을에 호랑이가 나타나 사람과 가축을 물어가자 화승총을 들고 잠복해서 호랑이를 잡았다. 이후 마을 사람들은 '두만이가 사는 마을'이라고 '두만리'라 불렀다고 한다. 1988년 두산교가 놓이기 전 나루터가 있던 둔덕 마을도, 포수 '한두만의 덕을 입은 마을'이라 하여 '두덕골(斗德谷)'이라 불렀다.

두만교 지나 오토캠핑장이다.

폐교된 두산분교가 가깝다. 1949년 6월 운학국민학교 두산분교로 개교하여 2000년 3월 원주 황둔초등학교에 통합될 때까지 50여 년 마을 사람과 함께했던 배움의 전당이었지만, 지금은 캠핑장으로 변신하여 유명세를 타고 있다.

말치로 향했다. 두산길 북동쪽으로 배향산이 살짝 얼굴을 내민다. 배향산 아래 두릉동이 있다.

이중환은 《택리지》 '복거총론'에서 어지러운 세상을 피해 살 만한 은둔지

말치 오름길에서 바라본 청명한 가을 하늘

로 영월군 무릉도원면 법흥리 사자산 남두릉과 주천을 꼽았다. 남두릉이 곧 두릉동이다.

> "원주 적악산(치악산) 동북쪽에 있는 사자산은 수석이 30리에 뻗쳐있으며 주천강의 근
> 원이 여기다. 남쪽에 있는 도화동과 두릉동도 모두 계곡 경치가 훌륭하다. 또 복지라
> 부르는데 참으로 속세를 피해서 살 만한 곳이다."

2022년 여름 배향산에 들었다. 길이 좁고 풀이 우거져 찾기 힘들었다. 두 릉동 도안지는 풍수에서 복숭아꽃이 떨어진다는 도화낙지형국(桃花洛地形 局)이다.

두산리에서 태어나고 자랐다는 아흔 살 노인은 "운곡 원천석이 태종 이방 원이 찾아온다는 소식을 듣고 피한 곳이 배향산 아래 도안지라고 어릴 때부

터 듣고 자랐다."고 했다.

성황당이 있다는 당골을 지나자 말치 오름길이다. 역방향으로 걸으니 길이 헷갈린다.

길에서 배우는 역지사지다. 머릿속으로 백번 천번 생각했어도 경험해 보기 전에는 산지식이 아니다. 읽어서 알거나 들어서 아는 건 제대로 아는 게 아니다.

고염무는 "독서만권행만리로(讀書萬卷行萬里路, 만권의 책을 읽고 만리 길을 걸어라)."라고 했다.

말치 고갯마루를 200여 m 남겨두고 조도형 목사가 길바닥에 털썩 주저앉았다.

"가벼운 배낭 메고 잘 닦인 포장길을 걷는 것도 이렇게 힘든데, 무거운 짐을 지고 좁고 험한 고갯길을 허위허위 넘어 다녔던 보부상은 얼마나 힘들었을까? 보부상 모습에서 십자가를 지고 골고타 언덕을 오르던 예수님 모습이 겹쳐보인다."

역시 성직자는 다르다.

드디어 말치다.

어지러운 세상을 피하여 은둔하던 사람들이 '새(풀)'로 초막 짓고 살았던 '새막골'이 가깝다.

도시락을 펼쳤다. 신동복이 막걸리 두 병을 꺼냈다.

권오봉은 "전국을 다니면서 막걸리를 먹어봤는데 역시 치악산 막걸리 맛

말치의 가을. 가을은 그저 바라만 보아도 참 좋다.

이 최고다.”고 했다.

　산속 뷔페가 차려진다. 막걸리와 도토리묵이 인기다. 최미영이 도토리묵에 양념을 쓱쓱 비벼 즉석 묵무침을 만들었다. 길 위의 요리사다. 맛도 맛이지만 순발력과 정성이 대단하다. 도토리묵 무침은 최미영 브랜드로 자리 잡았다.

　하산길. 치악 능선과 시루봉이 손에 잡힐 듯 가깝다.

　“와아아! 여기가 어디야? 무슨 유럽 산속에 온 것 같아.”

　조도형 목사는 “가을날 걷기는 행복 피톤치드의 보고”라고 했다.

　받아 적으니 그대로 시가 된다. 다래가 툭툭 떨어져 길바닥에 나뒹군다. 골바람을 타고 노란 단풍잎이 한들한들 춤추며 내려온다.

횡성군 강림면 노구소 홍살문이다.

배추 트럭이 길을 막고 있다. 배가 남산만 한 젊은 사장에게 물었다.

"배춧값이 비싸서 돈 좀 벌었겠네요?"

"아이고 말도 마세요. 몇 년간 계속 말아먹다가 올해 겨우 복구했어요. 지난봄에는 13억 원 말아 먹었는데 이번에 조금 복구하고 한숨 돌리고 있어요. 일주일 전만 해도 가락시장에서 배추 세 포기에 4만 3,000원 했는데 값이 내려서 2만 8,000원 합니다. 남 보기엔 돈 많이 버는 것 같지만 따지고 보면 월급쟁이와 똑같아요."

겉모습만 보고 이렇다 저렇다 단언할 수 없는 게 세상살이다. 집에 있었더라면 배춧값 사정을 알 수 있었겠는가? 배추 사장의 '겨우', '조금', '월급쟁이'라는 말이 여운으로 남는다. 길이 학교요, 배추 사장이 스승이다.

노구소(老嫗沼)다.

노구소는 다른 말로 '구연(嫗淵)'이다. 늙은 할미가 몸을 던진 물웅덩이다. 슬픈 이야기가 전해온다.

태종 이방원이 찾아온다는 소식을 들은 운곡 원천석이 몸을 피해 숨으면서, 물가에서 빨래하던 할미에게 "누가 와서 내가 간 곳을 물어보면 계곡 따라갔다고 말해달라."고 부탁했다.

얼마 지나지 않아 태종 이방원 일행이 다가와서 운곡 원천석이 간 곳을 묻자 노파는 계곡 바위(횡지암)를 가리켰다. 일행이 떠나고 할미는 묻던 사람이 임금인 줄 알게 되자, 죄책감에 사로잡혀 빨래하던 물가 바위로 올라가 물웅덩이에 몸을 던졌다.

횡성군은 할미 넋을 기리기 위해 2005년 사당을 세우고 매년 10월 제례를 지내고 있으며, 2017년부터 노구문화제를 이어오고 있다.

홍살문을 지나는데 장기하가 징검다리를 건너자고 제안했다. 뒤에서 툴툴거리는 소리가 들려온다.

"연이틀 비가 와서 물이 많이 늘었는데……."

아니나 다를까? 징검다리 위로 계곡물이 철철 넘친다. 난감했다. 순간 장기하가 바짓가랑이를 걷어 올리고 성큼성큼 물속으로 들어갔다.

"발이 엄청 시원해요. 겁내지 말고 빨리 들어와요."

지켜보던 도반들이 하나둘씩 계곡물에 발을 담갔다. 환호성이 터져 나왔다. 분위기가 확 달라졌다. 위기가 기회가 되었다. 현장에서 배우는 위기의 리더십이다.

징검다리 위로 물살이 세차다.

리더는 조직이 위기에 빠졌을 때 솔선하여 온몸을 던지는 자다. 필자도 발을 담갔다. 피로가 확 달아나는 듯하다. 징검다리 한가운데에서 사진기를 꺼내 들었다. 자칫 미끄러지거나 넘어질 수도 있지만, 종군기자라도 된 듯 강한 흥분이 뇌리를 스치고 지나갔다. 물속 징검다리 표면에 검은 글씨가 선명하다.

태종 17년(1417) 2월 2일 강무장 문제로 임금이 진노하다.

"각림사는 내가 어렸을 때 유학한 곳이므로 절집과 산천이 매양 꿈속에 들어오는 까닭에 한번 가보고 싶었을 뿐이지 처음부터 부처를 위함이 아니었다. 만약에 눈이 녹기를 기다려 간다면 반드시 이를 핑계 삼아 강무한다 할 것이니 모름지기 눈이 쌓였을 때 가야겠다."

각림사는 소년 이방원이 과거시험을 준비하던 어릴 적 애틋한 추억이 잠들어 있는 곳이다. 소년 이방원은 어쩌다가 개경에서 멀리 떨어져 있는 깊은 산골 치악산 각림사까지 왔을까?

후기

노구소, 태종대, 횡지암, 변암, 누졸재, 각림사, 원통골, 부곡계곡, 배향산에는 태종 이방원과 운곡 원천석 이야기가 전해온다. 원주시, 횡성군, 영월군, 북부지방 산림청, 국립공원공단이 협력하여 스토리 있는 걷기 길을 만들었으면 좋겠다. 천 리 길도 한 걸음부터다.

③코스 수레너미길

2006년 건설교통부 선정 '한국의 아름다운 길 100선'에 뽑힌 명품 길이다. 치악산 맑은 계곡 물길 따라 걷다 보면 잣나무 숲이 발걸음을 멈춰 세운다. 봄에는 철쭉꽃, 여름에는 야생화, 가을에는 오색단풍, 겨울에는 설경이 장관이다. 태종 이방원이 스승 운곡을 찾아 수레를 타고 넘었다는 이야기가 입에서 입으로 전해지는 역사의 길이다.

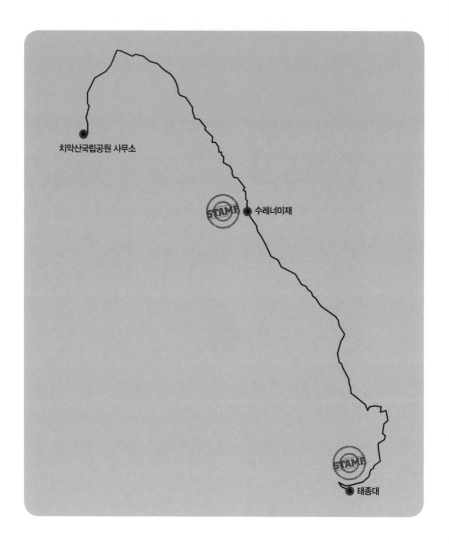

태종대 ~ 수레너미재 ~ 치악산국립공원 사무소

왕의 길, 동학의 길⑴

"태종은 세상을 구제할 뜻이 있어 능히 몸을 굽혀 선비들에게 겸손하였다. 태조께서 태

종 대하기를 여러 아들과 다르게 하고, 현비 강씨도 또한 기이하게 여기고 사랑하니,

태종이 또한 효성을 다했다. 태조는 높은 코에 용의 얼굴이었는데 태종의 생김새도 태

조를 닮았다."

성현이 '용재총화'에서 묘사한 태종 이방원의 모습이다.

부산사람에게 치악산에도 '태종대'가 있다고 하면 깜짝 놀란다. 태종 이방원이 운곡 원천석과 사제지간이고 치악산 자락에는 과거 공부를 하던 각림사 터도 있다고 하면 다시 놀란다. 태종대는 태종과 운곡 스토리가 입에서 입으로 전해오는 역사의 현장이다. 태종대 별칭은 임금이 탄 수레가 머물렀다는 주필대(駐蹕臺)다. 태종은 열세 살 때 과거 준비차 치악산 각림사로

횡성군 강림면 부곡리 태종대. 임금 수레가 머물렀다고 주필대로 불린다.

내려와 50세 스승 운곡 원천석한테 가르침을 받았다.

1379년 고려 말 '떠오르는 별' 이성계 어린 아들 이방원을 누가 왜 개경에서 멀리 떨어진 치악산 각림사까지 보냈을까? 이성계와 전 각림사 주지 신조, 조선왕조 설계자 정도전, 이성계 개경 현지처 신덕왕후 강씨가 머리를 맞대고 기획한 공동작품이 아니었을까? 이성계는 운곡과 동문수학했던 사이였고, 신조는 이성계와 함께 전쟁터를 누비며 생사고락을 같이하며 위화도 회군도 함께했던 혁명동지였다. 신덕왕후 강씨는 개경 권문세족 움직임과 인맥 지도를 한눈에 꿰고 있었던 정치 9단이었으며, 정도전은 운곡 원천석과 국자진사시 동기였다.

해좌 정범조는《운곡문집》서문에서 "운곡은 태조대왕이 등극하기 전, 동학(同學)이었다."고 했고, '용비어천가'에는 신조를 일러 "각림사 당두(주지)로 있었다. 호기와 용맹이 뛰어났으며, 태조대왕을 따라 사냥터와 전쟁터를 다니며 모셨다. 태조가 해주에서 왜구와 싸웠는데 신조는 고기를 먹지 않았지만, 매번 식사를 올릴 때마다 친히 고기를 찢고 술을 올렸다."고 했다.

신조는 운곡과도 친했다. 1392년 운곡이 '봉복군 신조 대선사에게 부침'이라는 시를 지어 보낼 정도였다. 과거시험 동기생 정도전은 운곡이 은거하던 치악산에 세 번이나 찾아와 술 마시고 대화하며 허물없이 지내던 사이였다.

《운곡시사》에 있는 1361년 12월 17일 '정도전이 찾아와 지은 시'를 보자. 정도전은 운곡보다 열두 살 어리지만 막역했던 사이였다.

'동년(同年, 과거시험 동기생)인 원군(元君, 원천석)이 있는데 / 다니는 길 험하고 산골짜기도 깊구나 / 멀리서 온 나그네 말에서 내리자 / 겨울바람 쓸쓸하고 날은 저물었네 / 반갑게 한 번 웃으니 그윽한 뜻이 있어 / 술잔 앞에서 다시 마음을 털어놓았네 / 내가 흥겹게 노래하고 그대 더불어 춤추니 / 이 세상 영욕 자네와 나 모두 잊었네.'

운곡이 답했다.

'그대와 함께 급제한 일 어제 같아도 / 사귄 도리 깊고 얕은지 다시 말할 필요 없네 / 일하느라 서로 다른 곳에 살아도 / 사람을 만나면 상세한 안부 물었지 / 오늘 만남은 하늘이 시킨 것일까 / 술 마시고 웃으며 마음을 털어놓네 / 그대여! 돌아갈 일 재촉 말고 / 이 뜻 중하게 여겨 정성으로 믿어주게.'

두 사람이 얼마나 가까운 사이였는지 알 수 있지 않은가?

정도전은 36세 되던 1377년 7월 유배에서 풀려난 뒤 가을과 겨울 두 차례 원주에 와서 원주목사 석장수, 김구용, 교주도 안렴사 하륜과 함께 어울렸으며 그때마다 운곡도 함께 했다.

종합하면 치악산 각림사에는 이방원의 과거 공부를 지도할 만한 인품과 능력을 갖춘 운곡이 있었고, 이성계 최측근 신조와 수시로 연락을 주고받을 수 있는 불교 네트워크가 있었으며, 유사시 개경과 멀리 떨어져 있어서 이방원을 피신시킬 수 있는 안전장치가 갖추어져 있었던 것이다.

이방원은 문무를 겸비한 영재였다. 함흥에서 태어나 열 살 때 이성계 개경 현지처 신덕왕후 강씨를 만났다. 강씨는 이방원을 학당에 보내며 친자식처럼 돌봐주었다.

이긍익은《연려실기술》에서 이렇게 말했다.

"태조는 본시 유학을 좋아하여 군중에서 창을 놓고 쉴 때면 유명 선비를 불러 밤늦도록 경서와 사기를 공부하고 토론했다. 가문에 유학하는 자가 없어서 이방원에게 배우게 하였더니 글 읽기를 게을리하지 않았다. 신덕왕후 강씨는 이방원이 글 읽는 소리를 들을 때마다 '어찌 저 아이가 내 몸에 나지 않았을꼬.'라고 하며 아쉬워했다."

돈독했던 두 사람은 이후 신덕왕후 아들 방석이 세자가 됨으로써 영원히 돌아올 수 없는 다리를 건너고 말았다.

이방원은 13살 때 각림사에서 운곡의 가르침을 받고 3년 후 소과(성균진 사시)와 이듬해 대과(예부시)에 연이어 합격했다. 열여섯 살 때 99명을 뽑 는 소과에 2등으로 합격했고, 33명을 뽑는 대과에 10등(병과 7위)으로 합 격했다. 소과 합격도 하늘의 별 따기인데, 합격 후 평균 5~7년가량 걸린다 는 대과마저 1년 만에 합격했으니, 평소 문관에 대해 열등감을 가지고 있던 아버지 이성계의 입이 귀에 걸릴 만도 했다. 이성계는 전쟁 영웅이었지만 학문하는 자를 부러워했다. 학문에 대한 열등감 때문에 뛰어난 학자였던 이 색, 정몽주 등 유학자와 교분을 쌓았다. 아들도 문관이 되길 바랐다(허흥식《고 려의 과거제도》, 363~364쪽. 우왕 3년 국자감시 동년록 30명 대상 예부시 급제까지 걸린 기간 조사 결과).

이때 명민한 청년 이방원을 눈여겨보던 자가 있었으니, 성균관 대사성(조 선시대 정3품. 1392년부터 1910년까지 2,101명이 임명되었고 평균 재임 기간 3개월) 민제와 부인 여산 송씨였다. 민제는 3대 내리 국자감 학관(교 수) 가문이었고, 부인 여산 송씨 가문은 미인으로 유명했다. 민제 처제는 미 모가 출중하여 원나라 황제 후궁으로 뽑혀갈 정도였다.

이방원은 무인 집안 출신이며 과거시험에 우수한 성적으로 합격한 일등 신랑감이었다. 개경에 살던 신덕왕후 강씨가 중매를 섰다. 신덕왕후 강씨 외가와 민제 부인 송씨 외가는 진주 강씨였다. 신랑 이방원은 열여섯 살,

신부 여흥 민씨는 열여덟 살이었다. 여흥 민씨는 민제가 첫째 딸(운곡 국자진사시 동기생 조박과 혼인) 출산 이후 10년 만에 어렵사리 얻은 둘째 딸이었다.

이방원과 소과 동기생 변계량은 《헌릉지》에서 "여흥 민씨는 맑고 아름다우며 총명하고 지혜로운 여인"이라고 극찬했다.

이제 든든한 뒷배를 가진 이방원은 거침이 없었다. 스물두 살 때 문관 인사를 담당하던 전리사 정랑(조선시대 이조정랑)이 되었다. 조선 왕 27명 중 대과에 합격하여 공직생활을 해본 왕은 태종 이방원이 유일하다.

1388년 5월 이성계가 위화도에서 회군하였다는 소식을 들은 스물두 살 이방원은 가슴이 덜컥 내려앉았다. 명백한 쿠데타였다. 쿠데타가 실패했을 때를 대비해 안전가옥이 필요했다. 이방원은 부랴부랴 친모 한씨와 계모 강씨가 머물고 있던 포천 농장으로 말을 달렸다. 두 모친을 모시고 이성계 고향 함흥으로 향했다. 이천에 이르렀을 때 쿠데타가 성공했다는 소식을 들었다. 이방원은 이때부터 이성계 복심이자 밀사로 활약하며 본격적으로 정치판에 뛰어들었다.

1392년 3월 명나라를 방문하고 돌아오던 공양왕 아들 왕석과 함께 해주에서 사냥하던 이성계가 말에서 떨어져 크게 다쳤다. 이성계 일파 제거를 노리던 정몽주에게는 절호의 기회였다. 정몽주가 선수를 쳤다. 공양왕과 합세하여 이성계를 따르던 조준, 남은, 윤소종, 남재, 조박, 오사충을 유배 보내고 나주에 유배되어 있던 정도전마저 감옥에 가둬버렸다.

개경에서 어떤 일이 벌어지고 있는지도 모르는 이성계는 요양도 할 겸 예성강 벽란도에 머무르고 있었다. 정치 상황을 예의주시하던 신덕왕후 강씨가 사위 이제(당시 권문세족 이인임 동생 이인립의 장남이며, 이성계와 신덕왕후 강씨 사이에서 태어난 경순공주 남편)를 시켜, 모친(신의왕후 한씨) 시묘살이 중이던 이방원에게 파발을 보냈다. 급보를 들은 이방원은 말을 타고 달려가 주저하던 이성계를 가마에 태워 개경으로 데려왔다.

이성계가 돌아왔다는 보고를 받은 정몽주는 걱정과 두려움으로 3일 동안 아무것도 먹지 못했다.

신덕왕후 강씨와 이방원은 이성계의 배다른 동생 이화와 함께 정몽주 제거계획을 세웠다. 비밀은 없는 법. 거사계획이 누설되었다. 이성계의 배다른 형 이원계 사위 변중량이 거사 정보를 입수하여 정몽주에게 일러바쳤다. 이때까지만 해도 신덕왕후 강씨와 이방원은 죽이 척척 들어맞는 정치적 동지였다.

1392년 4월 26일 정몽주는 병문안을 가장하여 이성계 동태를 살피러 왔다. 정몽주가 병문안을 마치고 문밖을 나서자 이방원이 이성계 방으로 뛰어들어갔다.

"아버님, 시간이 없습니다. 정몽주 제거를 허락해주십시오."

이방원이 간청하며 매달렸지만, 이성계는 펄쩍 뛰었다. 이성계 의형제 이지란도 고개를 가로저었다. 이방원은 마지막 카드를 꺼내 들었다. 심복 조영규, 조영무 등 45명을 선죽교로 보냈다. 이들은 마침 다리를 건너고 있던 정몽주를 철퇴로 격살한 후 목을 베어 저잣거리에 걸었다. 저물어가는 고려의 충신이자 천재였던 정몽주의 참혹한 죽음이었다.

3개월 후 1392년 7월 17일 정도전은 조준, 남은과 함께 공양왕에게 옥새를 넘겨받아 이성계가 머물던 사저로 가서 옥새를 올렸다. 한동안 머뭇거리던 이성계는 왕위에 올랐다. 조선왕조가 개국되는 순간이었다.

이성계는 보름 후 공신도감을 설치하고 개국공신 명단을 발표했다. 1등 공신 17명, 2등 공신 11명, 3등 공신 16명이었다. 개국공신 44명 가운데 이방원 이름은 없었다. 위기의 순간마다 목숨을 걸고 혁명을 성공시킨 수훈갑이었지만 이방원은 찬밥신세였다. 급기야 세자 자리마저 배다른 막내 동생 방석이 차지하고 말았다. 스물여섯 살 이방원은 속이 부글부글 끓었지만 내색하지 않고 절치부심하며 때를 기다렸다.

2년 후 명나라 황제 주원장이 조선 해적이 중국 연안을 침범하였고, 정도전이 요동 정벌 계획을 세우고 있다는 보고를 받고 "조선은 북벌에 필요한 말 1만 필을 보내고 이성계의 장남이나 차남이 해적 사건 범인을 잡아서 직접 데려오라."고 요구했다.

태조 3년(1394) 6월 1일 이성계가 이방원을 불렀다.

"명나라 황제가 어려운 요구를 하고 있다. 네가 아니면 답할 사람이 없다."

이방원은 "종묘와 사직의 크나큰 일을 위한 일인데 어찌 감히 사양하겠습니까?"라고 하며 흔쾌히 받아들였다. 이방원은 상남자였다.

이방원은 남재, 조반과 함께 사절단을 꾸려 명나라 주원장과 넷째 아들 (후일 영락제)을 만나서 숙제를 깔끔하게 해결하고 돌아왔다. 남재는 정도 전 일파였던 남은의 형이다. 남재는 이방원의 충직한 책사였으며 훗날 이방 원은 고마움을 잊지 않았다.

세종 1년(1419) 12월 14일 기록을 보자.

"남재가 죽었다. 고려가 조선으로 세상이 바뀔 무렵 태조를 추대하는 모략이 남재한테 서 많이 나왔고 태종이 왕자로 명나라에 갔을 때 남재가 따라갔는데 재상이 자못 공손 하지 못했으나 홀로 예로써 태종을 대했다. 남재 아우 남은이 정도전 심효생과 함께 여 러 적자를 없애버리기로 모의하였으나, 태종이 남재는 모의에 간여하지 않았다고 하며 사저에 두었다가 귀양 보낸 후 다시 불러들여 벼슬이 우의정에 이르고 옛 대신으로 특 별히 대우하였다."

태조 7년(1398) 서른두 살 이방원이 드디어 칼을 빼 들었다. 제1차 왕자 의 난이다. 이방원은 방번과 방석, 정도전을 죽였다. 군약신강(君弱臣强)의 나라 조선을 설계했던 정도전은 오만했고 술이 화근이었다.

태조 7년(1398) 8월 26일 "정도전은 왕왕 술에 취해 한고조가 장자방을 쓴 게 아니라 장자방이 곧 한고조를 쓴 것이다."라고 했다. 살려둘 수 없었 다. 한 번 빼 든 칼은 거침이 없었다.

2년 후 2월 이방원은 2차 왕자의 난을 진압하고, 칼을 겨누었던 형 방간 을 황해도 토산으로 유배 보냈다. 이후 한양에서 가까운 안산으로 옮긴 후

식읍 50호를 주어 '땅을 맡기고 사람을 부려 먹고 살 수 있도록' 배려해주었다. 정도전 일파였던 남은 형 남재와 친형 방간의 예에서 보듯이 이방원은 무슨 일이 있어도 친형제는 배려해주었고, 어려울 때 자신을 도와주었던 자는 끝까지 보호해주며 신세를 갚았다. 이방원은 의리의 사내요, 뛰어난 정치인이었다.

정치란 무엇이고 정치인은 어떻게 살아야 하는지 한 번쯤 생각해보게 된다.

1400년 11월 13일 이방원이 왕위에 올랐다. 서른네 살이었다. 태종은 과거시험 동기생을 특별히 챙겼다. 소과 장원 급제자로 2차 왕자의 난에 가담하여 좌명공신이 된 이승상은 특별대우를 받았다.

태종 13년(1413) 2월 6일 기록이다.

"이승상은 상이 잠저에 있을 때 성균시에 급제하였는데 장원이라 하여 후하게 대우했다."

대과 장원급제자 김한로도 특별대우를 받았다.

성현은 《용재총화》에서 "임금은 김한로가 나아가고 물러갈 때마다 항상 장원이라 부르면서 함부로 그 이름을 부르지 않았다."라고 했다. 한발 나아가 김한로 딸을 세자빈(양녕대군 부인)으로 삼아 사돈을 맺기도 했다.

소과 동기생 변계량(1385년 예부시 문과에 합격, 성균관 대사성, 예조판서 역임)도 챙겨주었다.

태종 이방원이 과거시험 합격을 얼마나 자랑스러워했는지, 나아가 동기생을 챙겨주며 자기 사람으로 만들기 위해 얼마나 노력했는지 알 수 있다.

이걸 보면 결국 정치의 핵심은 예나 지금이나 사람이다.

운곡과 태종 이야기는《태종실록》에 한 줄도 나오지 않는다. 왜 그럴까?

운곡이 오래전에 죽었고 태종이 스승을 보호하려고 일부러 그랬다는 설이 있다.

또 다른 설도 있다. 성호 이익이다. 그는 기존 학설이나 전설에 끊임없이 의문을 제기하며 독자적인 견해를 제시했던 실학자였다.

이익은《성호사설》에서 이렇게 말했다.

"세상에 전하기를 원 운곡이 치악산에 숨어 살 때 태종이 몸소 방문했다. 피하여 보지 않았다고 하지만, 사실은 그렇지 않다. 원 운곡은 고려 말기 진사로서 원주 변암에 살았다. 처음 목조가 전주에서 영동(嶺東)으로 옮겨 살았던 것은 외가가 평창에 있었기 때문이다. 고비(考妣, 조상) 무덤이 삼척(준경묘)에 있었는데 아직도 찾지 못하고 있다. 이런 까닭으로 태종이 영동을 왕래하게 되었는데 길이 원주를 지나게 되므로 운곡을 찾아 자문한 바 있다. 운곡은 37세 때 부인을 잃고 다시 장가들지 않았으며 첩도 두지 않았다. 학문은 조리가 있고 시권(시집)이 본가에 남아있었는데 혁명에 관한 얘기가 많아 자손들이 비밀리에 감춰두었다고 한다."

운곡 사후 300여 년이 지난 뒤 전해오는 이야기와 문헌을 참고하여 엮은 책이니 사실관계를 확인할 수 없다. 나머지는 독자의 상상에 맡긴다.

운곡과 태종 이야기가《조선왕조실록》에 처음 등장하는 것은 운곡

(1330~?)이 죽고 약 270여 년 지난 현종 4년(1663) 4월 27일이다.

"원천석은 벼슬길에 나아가지 않고 은거하였는데 평소 이색 등 여러 사람과 친했다. 태종께서 일찍이 그를 따라 학업을 닦았는데 즉위하고 나서 여러 차례 불렀으나 나오지 않았다. 태종께서 직접 초막까지 찾아갔는데도 천석이 피하고 만나려 하지 않자, 태종은 옛날 밥 짓던 여종에게 상을 주고, 천석 아들(원형)은 관직(풍기현감)에 임명하였다."

야사(野史)를 살펴보자.

심광세는 《해동악부》에서 "원천석은 본관이 원주다. 고려 말엽 벼슬하지 않고 원주에 숨어 살았다. 태종이 왕위에 오르기 전에 태종을 가르친 인연이 있었다."고 했고, 이희는 《송와잡설》에서 "치악산 동쪽에 각림사가 있다. 태종이 즉위하기 전에 오가며 머물렀다. 절 남쪽 3~4리쯤에 용추가 있고 그 위에 큰 바위가 산에 기대어 있는데, 태종이 때때로 책을 끼고 바위 위에서 읊조렸다 한다. 등극한 후에 특별히 명하여 절을 고쳐 짓게 하여 큰 절이 되었으며, 백성들은 대바위를 '태종대(太宗臺)'라 불렀다."고 했다.

태종대(주필대) 비각을 내려와 돌계단을 따라 내려가니 암벽에 '태종대' 글자가 새겨져 있다.

현종 4년(1663) 운곡과 태종 이야기가 《조선왕조실록》에 공식 등장한 후 60년이 지난 1723년 여름 후손 원상중이 새겼다.

태종대 바위에 후손 원상중이 새긴 명문(銘文)

'耘谷先生事蹟略記弁岩(운곡선생사적약기변암) / 太宗大王訪(태종대왕방) / 耘谷元先生(운곡원선생) 自覺林避入弁岩(자각임피입변암) / 上駐輦又此(상주연우차) / 官其子賞其婢而返駕(관기자상기비이반가) / 後人以名之(후인이명지) 崇禎後八十年癸卯夏刻(숭정후팔십년계묘하각).'

'운곡선생이 변암으로 피한 자취를 간략하게 기록하다 / 태종대왕이 찾아오자 / 운곡 원선생은 각림사에 있다가 몸을 피하여 변암으로 들어갔다 / 태종은 이곳에 수레를 멈추고 / 아들에게 벼슬(풍기현감)을 주고 여종에게 상을 준 다음 수레를 타고 돌아갔다 / 후세 사람은 이런 연유로 태종대라 하였다 / 숭정 후 팔십 년 계묘년 여름에 새기다.'

2022년 여름 운곡이 머물렀던 변암(왼쪽)과 누졸재(오른쪽)를 찾았다(원주시 비지정문화재 조사팀)

숭정(崇禎)은 명나라 마지막 황제 숭정제 의종(1628~1644) 연호다. 1644년 명이 망하고 청 세조(순치제)가 즉위한 지 80년이 지났지만 조선 사대부는 여전히 명 황제 연호를 쓰고 있었다.

원상중은 치악산 비로봉 아래 변암(고깔바위)에도 글을 새겼다. 안쪽 벽면에는 弁岩 太宗臺 東二十里(변암 태종대 동이십리, 변암은 태종대 동쪽 20리에 있다). 바깥쪽 벽면에는 開穿石井常消渴(개천석정상소갈, 돌우물 뚫어 항상 목마름을 해소하고) 收拾山蔬且慰貧(수습산소차위빈, 산나물 거두어 가난을 달랜다)이라고 새겼다.

옆 바위에도 태종대와 마찬가지로 긴 글을 남겼다.

'耘谷先生諱天錫(운곡선생휘천석) / 麗末隱居此山下(여말은거차산하) / 我太宗以甘盤舊恩(아태종이감반구은) / 累召不至(누소부지) / 幸其廬先生避入又此(신기려선생피입

우차) / 崇禎後八十年 癸卯 後孫 尙中識(숭정후팔십년 계묘 후손 상중지) / 不起上高其
義(불기상고기의).'

'운곡 선생은 이름이 천석이다 / 고려 말 이 산 아래 숨어 살았다 / 태종이 옛 스승의 은
혜 때문에 / 여러 차례 불렀으나 나오지 않았다 / 태종이 친히 초막을 찾았으나 선생은
피하여 이곳으로 들어왔다 / 숭정 후 80년 계묘년(1723) 후손 원상중 새기다 / 일으키
지는 못하였으나 왕께서 의기를 높이 여겼다.'

조선을 개국한 신진사대부는 숭유억불을 국시로 삼았다. 왜 그랬을까?
2006년 교육부 발행 고등학교 국사 교과서에 나오는 얘기다.

"중이 심부름꾼을 시켜 절의 돈과 곡식을 각 주군에게 장리놓아 백성을 괴롭히고 있
다." (《고려사절요》)

"지금 부역을 피하려는 무리가 부처 이름을 걸고 돈놀이를 하거나 농사, 축산을 업으로
삼고 장사하는 게 보통이 되었다. 중 어깨에 걸치는 가사는 술 항아리 덮개가 되고, 범
패를 부르는 장소는 파밭이나 마늘밭이 되었다. 중이 장사꾼과 통하여 사고팔기도 하
고, 손님과 어울려 술 마시고 노래를 불러 절간이 떠들썩했다." (《고려사》)

이 꼴을 보고 가만히 있을 혁명세력이 어디 있겠는가? 조선 팔도 절간에
태풍이 휘몰아쳤다. 고려 불교 인사행정을 총괄하던 승록사를 없앴고 국사
와 왕사도 없앴다.

종단과 절도 통폐합했다. 7개 종단 1,600여 개 절을, 2개 종단 36개(교종 18개, 선종 18개)만 남기고 모두 없앴다. 절마다 승려 수도 할당했다. 교종은 1,800명, 선종은 1,970명이었다. 절 토지와 노비도 국가에 귀속시켰다. 어떤 절은 헐어서 창고로 썼고, 어떤 절은 역참 건물로 썼다.

조선 중기 때부터는 서원이 되기도 했다. 이방원과 원천석이 머물렀던 각림사는 《조선왕조실록》에 34회나 나오는 큰 절이었다. 불교 탄압 광풍 속에서도 살아남은 절이 각림사다. 태종 이방원의 든든한 배경 덕분이었다.

각림사(현 강림우체국 자리)는 태종 10년(1410)) 12월 20일 처음 등장한다.

"원주 각림사에 향을 내렸다. 임금이 잠저(潛邸, 임금이 되기 전 살던 집)에 있을 때 이 절에서 글을 읽었는데 중 석초가 주지로 간다고 하직하니, 향을 주어 보냈다."

세종 6년(1424) 4월 5일 "선종에 예속된 절은 18개소이며, 전지는 4,250결입니다. 각림사는 원속전(옛날부터 내려오던 토지)이 300결(약 33만 평)이고, 거승은 150명입니다."

각림사는 통일신라 때 창건되어 조선 초기까지 유지되었고 한창때는 동서 250m, 남북 약 1km의 대사찰로서 매년 쌀 6천 섬을 수확했으며 매일 아침 쌀뜨물이 영월 법흥사까지 흘러내려 갔다고 하니 위세가 얼마나 대단했는지 짐작이 가지 않는가? 말이 좋아 33만 평이지 강림면 소재지 전체가 절 땅이었다고 해도 과언이 아니다. 다른 절은 모두 문을 닫는데 각림사는 일취월장했으니, 이제나저제나 절도 때를 잘 만나고 사람을 잘 만나야 한다.

태종은 원주에 네 번(1414, 1415, 1417, 1419) 다녀갔고, 각림사에 들른 건 세 번이다. 왕위에 있을 때 두 번, 상왕으로 물러난 뒤 한 번이다. 1414년, 1417년, 1419년이다. 태종은 궁궐에 가만히 들어앉아 있는 성미가 아니었다. 명분은 강무(수렵을 겸한 군사훈련)라고 했지만 답답함을 해소하기 위한 자구책이었다. 강무장 중에서도 가장 가고 싶어 한 곳은 치악산이었다. 어릴 때 글 읽던 각림사를 둘러보고 스승 운곡과 옛사람을 만나보기 위해서였다.

강무는 태조 5년(1396) 의흥삼군부 상소에서 비롯되었고, 강무 시기는 한양 부근은 사계절 말, 지방은 봄과 가을이었다.

태종이 왕이 되어 처음 각림사에 온 때는 태종 14년(1414) 윤 9월 14일이었다. 운곡이 살아 있었다면 85세 때였다. 집 떠나 첩첩산중 산속에서 글읽던 13세 소년이 35년 만에 왕이 되어 찾아왔으니 감회가 남다르지 않았을까? 태종은 각림사에 큰 선물을 주고 갔다.

"원주 각림사에 거동하였으니, 잠저 때 공부하던 곳이었다. 절의 중에게 채단과 홍초 각각 3필과 쌀과 콩 1백 석을 내려주었다. 전지 1백결과 노비 50구를 더 주고, 절 노비 등에게는 쌀과 콩 30석을 내려주었다."

두 번째 방문은 3년이 지난 태종 17년(1417)이었다. 태종은 각림사에

"절집과 산천이 매양 꿈속에 들어오는 까닭에 한번 가보고 싶었을 뿐." 얼마나 보고 싶었으면? 이방원에게 각림사는 고향 같은 곳이었다(노구사 가는 길 징검다리에서).

다시 가고 싶어 엉덩이를 들썩거렸다. 사대부 집 여인도 절에 가는 것을 금했던 성리학의 나라 조선에서 강무라곤 하지만 임금이 절을 자주 찾는 건 바람직한 일이 아니었다. 임금과 신하 간에 밀고 당기는 줄다리기가 벌어졌다.

태종 17년(1417) 2월 2일 좌의정 박은과 우의정 한상경이 강무할 곳을 정한 후 심도원을 시켜 "봄에는 충청도 순성(당진시 순성면)에 다녀오시고, 가을에 횡성으로 가시라."고 권했다.

태종이 버럭 화를 내며 어깃장을 놓았다.

"원주 각림사는 내가 어렸을 때 유학한 곳이므로 절집과 산천이 매양 꿈속에 들어오는 까닭에 한번 가보고 싶었을 뿐, 처음부터 부처를 위함은 아니었다. 만약 눈이 녹기를 기다려 간다면 반드시 이를 핑계 삼아 강무한다고 할 것이니, 그렇다면 눈이 쌓였을 때 가야겠다.”

태종이 진노하자 심도원은 눈치를 보며 슬금슬금 꼬리를 내렸다. 치악산 각림사는 태종에게 제2의 고향 같은 곳이었다.

태종 17년(1417) 2월 27일 기록이다.

“거가(車駕, 수레)가 원주 각림사로 행행하니, 겸하여 춘수(春蒐, 봄 강무)를 강(講)하기 위함이었다. 임금이 말했다. 내가 어렸을 때 각림사에서 글을 읽었는데 자라서도 매양 꿈을 꾸면 소싯적에 놀던 것과 같다. 내 꼭 가서 봐야겠다.”

셋째 아들 충녕대군(세종)에게 임금 자리를 물려주기 2년 전이었다. 이때 는 수렵을 하지 않고, 각림사에 들러 중창 불사를 알리고, 몰이꾼을 돌려보 낸 뒤 돌아갔다.

세 번째 방문은 태종이 상왕으로 물러난 이듬해 세종 1년(1419) 이루어 졌다.

“11월 3일. 상왕이 임금(세종)과 더불어 강원도에서 강무하였는데, 양녕대군 이제, 효 령대군 이보, 공녕군 이인, 우의정 이원, 병조판서 조말생 등이 어가를 따랐다. 상호군, 대호군, 호군, 갑사, 별패, 시위패를 아울러 2천여 명이었으며, 말이 만여 필이고, 별군

방패가 수천 명이었다. 11월 6일. 태종과 세종이 화동(禾洞)에서 점심을 먹고 북쪽 산에서 사냥했다. 충주와 원주 몰이꾼 9천여 명이 어가를 따라온 군졸과 함께 산에 올라 몰이하는데 북과 피리 소리가 하늘을 흔드니, 짐승이 사장(射場)에 내려오자 두 임금이 친히 짐승을 쫓아서 각각 사슴 한 마리씩을 쏘아 맞혔다……. 상왕이 강무는 본래 종묘에 짐승을 바치려는 것인데, 이제 바칠 짐승을 잡았으니 멈추는 것이 좋겠다고 하며 몰이꾼 6천여 명을 놓아 보냈다.”

11월 9일 각림사에 들렀다. 생전 마지막 방문이었다. 이때는 옛날 각림사에서 글 읽던 시절 알고 지냈던 동네 사람을 만났다.

태종은 “원주 기로(耆老, 70세 이상 늙은이) 정정, 유선보 등 10여 명이 와서 알현하므로 그들에게 술을 주도록 명하고 선보에게 이르기를 ‘내가 열세 살 때 각림사에 거처하면서 너의 집에 갔었는데 기억이 나는가? 내가 일찍이 너의 사위 인시경을 장군에 임명하였는데 지금은 어디에 있는가?’라고 물었다.

이제는 노인이 된 마을 사람을 만나 옛 추억을 떠올리며 파안대소하던 태종 이방원의 넉넉한 모습이 떠오르지 않는가?

치악산 각림사에는 생육신 매월당 김시습 흔적도 남아있다. 1453

매월당 김시습 자화상

년 세종 둘째 아들 수양대군이 쿠데타를 일으켰다. 수양대군은 세종이 아꼈던 김종서. 황보인을 죽이고 영의정이 되었다.

2년 후 1455년 조카 단종을 상왕으로 물러나게 한 후 왕위에 올랐다. 집현전 학사들은 절치부심하며 때를 기다렸다. 마침내 때가 왔다.

1456년 6월 명나라 사신 환송연 자리에서 세조 제거계획을 세웠다. 밀고자가 있었다. 동료 김질이었다. 사육신이 국문장으로 끌려왔다. 세조가 직접 국문했다. 시뻘겋게 달군 쇠로 몸을 지지고 팔을 자르는 잔혹한 고문 속에서도 성삼문은 세조를 '나리'라고 불렀고, 유응부는 '족하(足下)'라고 불렀

강림우체국 한구석에 보일 듯 말 듯 다소곳이 앉아 있는 각림사 옛터 표지석. 그 옛날 화려했던 대사찰 흔적은 찾아볼 수 없고 원주와 횡성의 무관심 속에 잊히고 있다.

다. 박팽년은 "네놈이 준 녹봉을 하나도 먹지 않고 창고에 쌓아두었다."고 하며 눈을 부릅떴고, 이개는 "왕이라는 자가 어찌 법도 모르고 형벌을 가하느냐? 법전 어디에 인두로 사람을 지지라는 말이 있느냐?"며 꾸짖었다. 하위지는 "반역죄라면 그냥 죽이면 될 것이지 뭘 구차하게 물어보느냐?"며 대들었다.

사육신은 능지처사 된 후 버려졌으나, 용감하게 시신을 수습하여 노량진에 묻어 준 자가 있었다. 22세 매월당 김시습이었다. 4년 후 스님 복장을 하고 방랑길에 나섰다. 원주 문막 동화사를 거쳐 각림사에 머무르며 소회를 남겼다.

각림사는 태종이 현판을 내려주고 새로 지어준 큰 사찰이었다. 《매월당집》 유관동록(遊關東錄) 숙각림사(宿覺林寺, 각림사에 머물며)를 읽어보자.

自笑淸寒謝塵迹(자소청한사진적) : 스스로 청한 비웃으며 속세 행각 끊고 나서

年來自有看山癖(연래자유간산벽) : 요즘 산 바라보는 습관 생겼다.

關西千里曾飛筇(관서천리증비공) : 관서 땅 천 리 길 일찍이 지팡이 날렸는데

又向關東曳雙屐(우향관동예쌍극) : 다시 관동으로 가려니 두 나막신 힘겹네

覺林自是古招提(각림자시고초제) : 각림사는 사액해 몸소 다스리는 오래된 절

松檜陰中聳樓閣(송회음중용루각) : 소나무와 전나무 그늘 속에 누각 솟아있네

玉筍巍峨甬高鍾(옥순외아삽고종) : 아름다운 종각 높은 곳 귀한 종 꽂혔는데

珠簾淅瀝搖雲窓(주렴석력요운창) : 구슬주렴 사락사락 구름 창 흔들리네

丈夫未死愛遠遊(장부미사애원유) : 장부 아직 죽지 않아 멀리 떠돌기 좋아하니

豈肯兀坐如枯椿(기긍올좌여고춘) : 어찌 꼿꼿이 말뚝처럼 앉아 있으리

且窮勝景作平生(차궁승경작평생) : 좋은 경치 보기 평생토록 작정하여

其氣崒嵂何由降(기기줄률하유강) : 그 기상 높은데 무엇 때문에 굽히겠는가.

'왕의 길, 동학의 길'은 2편에서 계속 이어집니다.

왕의 길, 동학의 길(2)

수레너미길은 교통이 불편하다. 원주에서 태종대까지 오려면 행구동 관음사에서 곧은치를 넘어오거나 횡성 만세공원에서 농어촌 마을버스를 타고 '마을이 가마솥처럼 생겼다.'고 '가마골'로 불리는 부곡에서 내려야 한다.

이른 아침 산안개를 헤치며 수레너미재로 향했다.

물 맑고 아름다운 개울 '가리내'다. 과수원에 사과가 주렁주렁 열렸다. 사과하면 대구였는데 강원도가 사과 고장이 되었다. 2017년 5,550톤이던 강원도 사과 생산량은 2022년 2만 4,852톤으로 다섯 배 늘었다. 바다도 마찬가지다. 제주나 남해안에서 잡히던 방어가 동해안에서 잡히고 있다. 2021년 3,404톤에서 2022년 6,137톤으로 2배가량 늘었다. 지구 온난화 영향이다. 기후변화는 강원도에는 기회다. 어떻게 할 것인가?

치악산 산골짜기에 사과가 주렁주렁 열렸다. 10년 전만 해도 상상도 못 하던 일이다.

간식시간이다. 풀숲에 새빨간 천남성이 요염하다. 색깔이 짙고 고혹적이다. 이런 약초는 독성이 강하다. 사람도 마찬가지다. '재승박덕'이라고 재주가 많으면 덕이 부족하다. 두루 갖춘 자는 없다. 하늘은 한 사람에게 모두 주지 않는다.

1977년 11월 27일 세계 주니어 페더급 초대 챔피언 결정전에서 파나마 카라스키야를 4전 5기 끝에 KO로 눕히고 챔피언 벨트를 차지한 홍수환은 "권투하면서 깨친 건 하늘은 누구도 완전한 인간으로 만들어주지 않았다는 거다. 펀치가 세면 맷집이 약하거나 순발력이 떨어진다. 펀치가 약해도 상대 허점을 낚아채는 순발력이 있으면 언제든지 전세를 역전시킬 수 있다."고 했다.

남을 부러워만 할 게 아니라 나만의 장점을 찾아보자. 누구든지 '나만의 한 방'이 있다.

다시 길을 나섰다. 고사리가 많이 난다는 '고사리재'를 넘어서자 산이 막혀 막막하다는 '산막재'다.

보습과 무쇠솥을 만들었다는 '점터골'을 지나자 수레너미 입구다.

돌길 위로 빨강, 노랑 단풍이 물소리, 바람 소리와 어우러져 몽환적인 풍광을 자아낸다.

산에서도 세상사가 화제다.

누구는 "30대 아들이 지난해 대출받아 집을 샀는데 사자마자 집값이 떨어지고 대출금리가 폭등해 속상해 죽겠다. 팔리지도 않고, 계속 가지고 있을 수도 없고……."라며 넋두리한다.

집도 운칠기삼이다. 걸으면서 속상한 얘기를 털어놓으면 답답했던 마음이 풀린다. 걷기 길은 해우소요, 고해실이다.

태종이 스승 운곡을 만나기 위해 수레를 타고 넘었다는 수레너미재다.

치악산 천지봉과 매화산을 이어주며, 원주시 소초면 학곡리 한가터와 횡성군 강림면 산막골을 잇는 고갯마루다.

《여지도서》는 '차유령(車踰嶺)'이라 했다. 일제강점기 때는 금을 캐던 광산골이 있었고, 금을 고르는 금방앗간도 있었다고 한다. 수레너미재는 치악산 구룡사에서 각림사에 이르는 지름길이다. 태종이 강무를 위해 각림사로 오던 길은 관동대로에서 전재를 넘고 안흥에서 강림에 이르는 411번 지방도다. 강무를 마치고 한양으로 돌아갈 때는 곧은치를 넘었다는 말이 있다.

지은이를 알 수 없는 《운곡선생사적》은 "각림사 서쪽으로 직치령(곧은치)이 있다. 임금 수레가 돌아갈 때 이 길을 경비하고 통행을 금했다."라고

태종 이방원이 스승을 만나기 위해 수레를 타고 넘었다는 수레너미재다. 수백 년 묵은 엄나무가 시절 이야기를 품고 묵묵히 서 있다.

했다.

곧은치로 가는 치악산 부곡계곡에 현수막이 서 있다. 국립공원은 '왕의 숲'이라고 했다. 왕이 누굴까? 태종 이방원이다.

뭔가 느낌이 오지 않는가? 같은 길도 스토리가 있으면 품격이 달라진다. 길 스토리는 가성비가 높다.

운곡 묘소는 원주에 있지만, 설화나 유적은 횡성과 영월 지역에 퍼져 있다. 횡성 강림면과 영월 주천면. 무릉도원면(옛 수주면)이 옛 원주목 관할 속현이었기 때문이다. 원주, 횡성, 영월, 국립공원이 협력하여 태종과 운곡이 오갔던 길을 중심으로 이야기 길을 만들어보면 어떨까? 생각의 각도를 조금만 바꾸면 결과가 크게 달라진다.

치악산 곳곳에는 태종과 운곡 이야기가 전해온다. 태종 이동 경로에는 수레너미재, 각림사, 노구소, 태종대, 횡지암, 곧은치, 원통재, 배향산, 입석대, 황골, 대왕재, 화시래가 등장한다. 2022년 여름 치악산국립공원 사무소에서 부곡계곡에 현수막을 걸었다. '부곡, 왕의 숲을 걷다'.

'경기옛길'을 만든 경기문화재단을 보라. 강원도는 왜 이런 게 안 될까? 원주도 그렇다. 운곡이 아니라 태종을 주연으로 만들어보면 어떨까? 주연이 뜨면 조연도 같이 뜨지 않는가? 영화 '기생충'과 넷플릭스 '오징어 게임'에 나오는 빛나는 조연을 보라.

수레너미에는 꼭꼭 숨어있는 또 다른 역사 인물이 있다. 동학 2대 교주 해월 최시형이다. 해월은 관군의 추격을 피해 수레너미촌에서 3개월간 (1895년 12월~1896년 2월) 숨어 지냈다.

《천도교서》는 "해월은 1895년 12월 인제 느릅정이에서 눈길을 걸어 치악산 깊은 골짜기 수레너미촌 초가삼간으로 은거지를 옮겼다. 손병희의 주선으로 집을 샀다. 해월은 손병흠, 임학선, 김연국과 함께 지내며 도리를 강의하고 깊이 있는 토론을 하였다."라고 했다.

해월 최시형의 어릴 때 이름은 최경상이다. 조지소에서 종이 만드는 일을 하다가 1861년 6월 동학에 입교했다. 2년 후 1863년 8월 14일 동학 교주 최제우한테 도통을 물려받아 2대 교주가 되었다.

최시형은 '천주님을 모신다.'라는 '시천주' 사상에서 한 발 나아가 '사람이 곧 하늘'이라는 인내천 사상을 내걸었다. 1864년 수운 최제우가 좌도난정률(도를 어지럽힌 죄)로 처형당하자 강원도로 잠적하여 1894년 동학농민혁명이 일어날 때까지 30년간 71개 지역을 돌아다니며 포교에 주력했다. 관군의 추적을 피해 전국을 떠돌다 보니 포교가 저절로 되었던 것이다.

최시형은 49일 주기로 연 4회 메시지를 전했다. 하늘 제사일(기천제), 최제우 탄생일(탄일), 득도한 날(각도일), 최제우 사망일(기일)이다. 메시지 내용은 최제우 운수 풀이를 기초로 빈부귀천 철폐, 적서 차별 철폐, 사인여천(事人如天), 삼경도덕, 위생관념이었다. 1866년 동학 조직인 접이나 포를 중심으

처형 직전 동학 2대 교주 해월 최시형

로 통문을 돌렸고. 1880년부터 1883년까지 동학경전을 펴냈다. 간행소는 1880년 인제군 남면 갑둔리 김현수 집, 1881년 충북 단양군 남면 천동 여규덕 집, 1883년 충남 목천군 구내리 김은경 집이었다.

동학경전은 《동경대전》과 《용담유사》다. 《동경대전》은 한자, 《용담유사》는 한글이다. 《용담유사》는 가사체로서 노래하거나 낭송할 수 있게 하였다. 동학농민군은 사발통문을 돌릴 때도 한자에 한글 독음을 달아 상인이나 천민도 읽기 쉽게 하였다.

1894년 동학농민혁명이 일어났다. 전봉준은 고부 기포에 앞서 최시형을 만나 거병할 뜻을 밝혔다. 최시형은 서두르지 말고 때를 기다리라고 했다.

"경(經)에 이르기를 지금은 때가 아니니 급하게 서두르지 말라. 이는 선사(先師, 최제우)의 유훈이다. 아직 미개하고 때가 이르지 않았으니 망동하지 말고 익구하여 천명을 어기지 말라."

최시형은 무력으로 맞서기보다는 협상으로 문제를 해결하려 했다. 전봉준은 "더 이상 기다릴 수 없다. 당장 떨쳐 일어나 무력으로 세상을 바꿔야 한다."고 했다.

1894년 1월 고부군수 조병갑이 파면되고 신임군수 박원명이 부임했다. 박원명은 동학농민군에게 해산을 권유하고 연회를 베풀며 달랬다. 격한 민심이 차차 가라앉으며 평온을 되찾는가 싶었는데 가라앉는 불씨에 기름을

체포되어 가는 동학 접주 전봉준 장군

붓는 사건이 일어났다. 안핵사 이용태가 역졸 8백여 명을 데리고 나타나 동학에 가담한 자를 체포하여 옥에 가두고 부녀자를 능욕했다. 숨죽이고 있던 불씨가 활화산이 되어 걷잡을 수 없이 터져 나왔다.

1894년 3월 21일 전봉준과 농민군이 다시 떨쳐 일어났다. 고부 재기포다.

"우리가 의를 들어 여기 이르게 됨은 창생을 도탄에서 건지고 나라를 반석 위에 세우고자 함이다. 안으로는 탐학하는 무리의 목을 베고 밖으로는 횡포한 강적의 무리를 내쫓고자 함이다. 양반과 부호에게 고통받는 백성과 수령 방백 밑에서 굴욕당하는 자들이여, 주저하지 말고 일어나라. 이 기회를 놓치면 후회하여도 때는 늦으리라."

전봉준의 재기포 소식을 들은 최시형은 "거병은 잘못된 일"이라고 경고했고, 손병희, 손천민, 김연국은 통문을 돌려 "호남의 전봉준과 호서의 서장옥은 국가의 역적"이라고 성토했지만 성난 불길은 걷잡을 수 없었다. 동학농민군은 파죽지세로 북진했다.

관군은 전주성을 내어주고 전주화약을 맺었다. 동학농민군은 전라도 군현에 집강소를 설치하고 폐정개혁에 나섰다. 고종은 신하들의 반대에도 불구하고 청 군대를 불러들였다. 고종의 패착이었다. 텐진조약에 따라 청의 통보를 받은 일본군은 기다렸다는 듯이 들어왔다.

동학농민군은 자진해산하였으나 일본군은 경복궁을 점령하고 청일전쟁을 일으켰다. 동학농민군 지휘부는 더 이상 두고 볼 수 없었다. 1894년 9월 전봉준과 김개남, 손화중이 이끄는 호남동학군(남접)과 최시형과 손병희가 이끄는 호서동학군(북접)이 연합하여 다시 떨쳐 일어났다.

1894년 10월 동학농민군은 공주 우금치 전투에서 관군과 일본군에게 크게 패했고, 11월 금구, 원평, 태인에서 다시 패했다. 12월 전봉준, 김개남, 손화중 등 호남 동학지도부가 체포되자 손병희는 임실군 청운면 새목터 허선 집에서 동학교주 최시형을 만나 남은 호서동학농민군을 이끌고 강원도로 북행을 결

우금치 동학혁명군 위령탑

정하였다. 임실과 장수, 무주, 영동, 황간, 보은을 지나 청주와 충주로 접어들었다.

12월 22일 충주 외서촌(음성군 금왕읍 도전리) 되자니 고개에서 일본군과 전투를 벌여 동학농민군 수십 명이 전사하자 최시형은 12월 24일 동학농민군 해산을 공식 선포했다. 각자도생의 길이었다. 동학농민군은 뿔뿔이 흩어지면서 피눈물을 흘렸다.

최시형 등 호서 동학지도부는 죽산 월정고개(경기도 안성시 일죽면 송천리 38번 국도 월정교차로) 부근에 숨어있다가 이듬해 1895년 1월 4일 충주 외서촌 이용구 집과 손병희 동생 손병흠 집으로 숨어들었다. 손병희는 원주 부론면 노림 검문소를 통과할 때 최시형을 가마에 태우고 암행어사 복장으로 유유히 통과했다.

1895년 1월 하순 동학지도부는 홍천을 거쳐 인제 느릅정(남면 신남리 유목정) 최영서 집에 도착했다. 인제는 산간오지이며 동학기포 때 참가하지 않아서 몸을 숨기기에 안성맞춤이었다.

동학지도부 내에서 기포에서 괴멸에 이르게 된 과정을 놓고 책임 논란이 벌어졌다. 최시형은 교단 수습에 나섰다. 전라도 임실 대접주 이병춘이 인제로 찾아와서 동학혁명의 공과를 묻자 최시형은 "모두 한울에서 나왔으니 천명을 기다릴 뿐, 일체 사혐을 생각하지 말라."고 하며 반목을 삼가고 단합을 촉구했다.

동학지도부는 당장 먹고사는 문제에 직면했다. 추위가 풀리자 손병희와 손병흠이 안경 장사에 나섰다. 두 사람은 간성, 원산, 강계를 거쳐 청나라 국경까지 돌아다니며 안경을 팔아 큰돈을 벌었다. 손병희는 번 돈으로 인적이 드문 은신처 물색에 나섰다.

1895년 12월 임학선의 소개로 치악산 수레너미촌(강림면 산막골로 추정)에 초가삼간을 사서 최시형의 은신처로 삼았다. 최시형은 수레너미촌에 3개월간 숨어 지냈다.

1896년 1월, 70세 최시형은 자주 아팠다. 세대교체가 필요했다.

최시형은 수레너미촌에서 2선 후퇴를 고민하며 3인 지도체제를 구축했다.

그해 1월 5일 최시형은 손병희를 불러 "그대의 절의는 천하에 미칠 자가 없다."라고 하며 의암이라는 도호를 지어주고, 1월 11일 손천민에게는 송암, 김연국에게는 구암이라는 도호를 주고 2선 후퇴 뜻을 밝혔다.

삼암으로 불리는 세 사람은 20대 초반 동학에 입도하여 교조신원운동과 동학농민전쟁에서 활약한 30대 떠오르는 별이었다.

최시형은 "너희 세 사람이 마음을 모으면 천하가 도를 흔들고자 할지라도 어찌하지 못할 것이다."라고 하며, 교단 문서도 세 사람 이름으로 보내게 했다. 한두 사람이 체포되더라도 남은 자가 종통을 이어가게 하려는 조치였다.

최시형은 1895년 겨울을 수레너미촌에서 보내고 1896년 2월 초 눈이 녹자 충주 외서촌 마르택(음성군 금왕읍 도전리)으로 은신처를 옮겼다. 최시형은 마르택에서 '두령 임명첩'을 발행할 때 처음으로 '해월'이라는 인장을 사용했다.

최시형은 1897년 1월 경기도 음죽군 앵산동(경기도 이천군 설성면 수산리)으로 다시 옮겼다. 손병희 막내 사돈 신택우 집이었다.

최시형은 4월 5일 수운 최제우 득도기념일을 맞아 "앞으로 모든 의례와 차림은 벽을 향해 차리지 말고 나를 향해 차리도록 하라. 한울이 내 몸 안에 모셔져 있거늘 어찌 나를 버리고 다른 곳을 향해 차리겠는가?"라고 하면서 향아설위(向我設位) 제례를 반포했다. 기존 제사 형식을 뒤집는 후천개벽 사상이었다.

1897년 8월 최시형이 하혈했다. 병 치료를 위하여 경기도 이천 설성면 수산리를 떠나 여주 전거론리(여주시 강천면 도전리, 당시는 원주목 관할)로 은거지를 옮겼다. 건강이 계속 나빠지자 도통 전수를 결심했다.

12월 24일 최시형은 세 사람을 불러 모은 뒤 천천히 입을 열었다. 말은 느렸으나 단호했고 거침없었다.

"의암 손병희를 오늘부터 북접대도주로 삼겠다."

손병희가 3대 교주가 된 것이다. 손천민과 김연국은 몹시 섭섭했으나 승복하며 고개를 숙였다. '북접대도주'는 해월 최시형이 수운 최제우한테 받은 호칭이다. 최제우는 최시형이 살았던 경주 검곡이 자기 집이 있던 용담리에서 북쪽에 있다고 '북접대도주'라 불렀는데 3대 교주 손병희에게 명칭이 그대로 이어지게 된 것이다.

1898년 1월 3일 여주 읍내에 있던 임순호가 숨을 헐떡이며 전거론리로 달려왔다. 이천 동학도인 권성좌가 관군에게 붙잡혀 최시형 은거지를 실토했다는 것이었다.

1898년 1월 4일 새벽 관군 30여 명이 권성좌를 앞세우고 은거지로 들이닥쳤다. 최시형은 아픈 몸으로 방 안에 드러누워 하늘만 쳐다보고 있었다. 꼼짝없이 체포될 수밖에 없었다. 그 순간 손병희가 기지를 발휘했다. 목침을 들어 문지방을 내리치면서 권성좌를 향해 호통을 쳤다.

"네놈은 누군데 사대부 집을 동학괴수 집이라고 무고하느냐? 자세히 봐라. 나를 알거든 안다고 해라."

눈치를 챈 권성좌는 손을 내저으며 "이 사람이 아니다. 다른 곳에 있는 것 같다."고 하며 집을 빠져나갔다.

권성좌는 아랫마을에서 서당을 운영하던 김낙철을 지목했다. 김낙철은 순순히 오라를 받았다. 간신히 위기를 모면한 동학지도부는 부랴부랴 몸을 피했다. 손병희와 손병흠은 최시형을 가마에 태우고 지평 갈현, 홍천 서면, 원주 귀래 방아다리 용여수 집을 떠돌다가 여주 임학선이 주선한 원주 호저면 고산리 송골 원진여 집으로 몸을 피했다. 최시형 부인 손시화, 아들 최성봉과 함께였다. 생애 마지막 도피처였다.

1898년 4월 5일 새벽 6시 원진녀 집에 세찰사 송경인이 이끄는 관군이 들이닥쳤다.

"동학 괴수 최시형은 오라를 받아라."

해월 최시형 최후 피체지 원주시 호저면 송골 원진녀 가옥과 표지석

이날은 동학 교조 최제우가 득도한 날이었다. '보따리장수' 최시형의 36년 잠행이 끝나는 순간이었다. 오랏줄에 꽁꽁 묶인 최시형은 문막 물굽이 나루터까지 끌려갔다.

최시형은 1863년 도통을 전수받은 때부터 체포되던 순간까지 만나고 헤어졌던 인연들이 주마등처럼 스치고 지나갔다. 최시형을 태운 배는 흥원창을 지나 여주 신륵사 건너편 조포나루에 닿았다. 최시형은 여주 감옥에서 하룻밤을 보낸 후 배를 타고 한양에 도착하여 서소문 감옥에 갇혔다.

1898년 5월 11일 재판이 시작되었다.

죽음의 그림자가 서서히 다가오고 있었다. 최시형의 지병이 점점 악화되자 일제는 재판을 서둘렀다.

1898년 5월 30일 고등재판소는 최시형에게 교형(絞刑)을 선고했다. 재판 장은 조병직이었고 배석판사 2명 가운데는 전 고부군수 조병갑도 있었다. 누가 누구를 재판한다는 말인가? 재판받아야 할 자가 재판을 하고 있었다. 죽어야 할 자는 살아남았고, 살아야 할 자는 죽어야 했다.

조병갑은 1894년 1월 고부민란 책임자였다. 고종은 조병갑을 완도 고금 도로 유배시켰다가 1895년 7월 탐관오리였던 전 충청감사 조병식(조병갑 사촌형) 등 279명과 함께 석방했다. 조병갑은 1897년 1월 2일 대한제국 법 부 민사국장으로 화려하게 돌아왔고, 한성재판부 판사와 황실 비서관을 지 내다가 1907년 은퇴했다.

조병갑은 공주시 신풍면 사랑골 아버지 조규순 묘 옆 능선에 묘비 없이 묻혔다. 1894년 1월 동학농민혁명의 도화선이 되었던 고부 땅에는 만석보 흔적과 백성들의 고혈을 짜서 세운 조규순 공덕비가 남아 있다. 가슴 아픈 역사의 흔적이다.

1898년 6월 2일 오후 5시 해월 최시형은 경성감옥 교수대(종로 단성사 뒤편)에서 '혹세무민하는 사교의 우두머리로서 좌도난정률'로 처형되었다. 시신은 시구문(광희문, 수구문으로 불렸으며 성안 백성 시신이 이 문을 통 해 나갔다) 앞 공동묘지에 묻혔다.

사흘 뒤 동학도인 이종훈이 시신을 수습하여 송파 사는 이상하 소유 뒷산 에 가매장했다.

2년 뒤 1900년 3월 12일 손병희, 김연국, 신택우가 여주 금사면 주록리

원적산 천덕봉 기슭으로 이장했다.

　도올 김용옥은 1993년 6월 1일 〈조선일보〉 '동학 백 년' 칼럼에서 "해월은 동학이라는 비전을 통하여 역사를 개벽하려 했지만, 녹두 전봉준은 동학을 긴박한 사회문제 해결을 위한 조직적 방편으로 삼으려 했다. 둘 다 혁명을 개벽 실현의 방편으로 생각했으며, 본질은 시천주 인간관 실현에 있다고 보았다."라고 했다. 이어서 "1890년대 전라도 특수성 때문에 동학교도가 급격히 늘어나 호남 일대가 마치 남접의 대명사인 것처럼 일컬어졌지만, 남접이나 북접이나 모두 북도중주인 해월 한 사람에게 속해있었다. 해월이 전라도에 단 세 번 다녀갔고, 동학란 중심으로 동학을 기술하기 때문에 마치 전라도가 동학 터전인 것처럼 오해하고 있으나, 동학 발생지는 경상도이며, 성장 주력지는 경북, 충북, 강원도 일대라는 사실을 상기할 필요가 있다."라고 했다.

　호저면 고산리 송골 입구에 '모든 이웃의 벗 최 보따리 선생님을 기리며'라고 새긴 해월 최시형 추모비가 서 있다. '최 보따리'는 보따리를 들고 다니며 동학을 가르쳤던 최시형을 부르던 애칭이었다. 수레너미촌과 호저면 송골은 동학 혼이 깃든 역사의 현장이다.
　최시형의 죽음은 죽음으로 끝나지 않고 민들레 홀씨가 되어 시대를 넘어 계속 이어지고 있다. 동학사상은 원주에서 김지하의 '생명 사상'과 무위당 장일순의 '한 살림 운동'으로 이어졌다.

무위당 장일순이 원주시 호저면 송골에 세운 해월 최시형 추모비. 최 보따리 선생님을 기리며!

　임진택은 2023년 5월 8일 〈조선일보〉 인터뷰에서 "김지하 생명 사상의 핵심은 사람이 곧 하늘이고, 인간과 자연과 우주는 하나로 이어져 있다는 일원론적 세계관이다. 김지하는 면회와 운동이 금지된 독방 생활 6년에서 섬망증을 얻었다. 네 벽이 좁혀 들어오고 천장이 내려앉는 환시, 환청에 시달렸다. 그때 철창 틈으로 날아온 꽃씨 하나가 시멘트벽을 뚫고 꽃피우는 모습을 보면서 생명이 진리이고 가장 존귀한 것임을 깨닫게 되었다. 거기서 머물지 않고 인간과 생명, 우주의 근원을 파고들었다. 결국 인간은 생명의 본성에 합당한 방식으로 살아야 하며 피비린내 나는 방식으로는 아무것도 이룰 수 없다고 믿었다."라고 했다.

　어떤 행동에는 계기가 있다. 김지하에게 감옥은 고난의 시간이자 생명의 신비를 깨달은 부활의 시간이었다.

장일순은 '화합하는 논리 협동하는 삶'에서 "내가 사회사상에 눈을 뜨게
된 계기는 글을 가르쳐 준 조부와 차강 박기강, 해월 최시형 덕분이었다. 한
국전쟁 무렵 집 앞에 천도교 포교소(소장 오창세)가 있어서 동학을 알게 되
었고 최제우와 해월도 알게 되었다. 우리는 하늘과 땅이 먹여 주고 길러주
지 않으면 살 수 없다. 벌레와 곤충조차도 하늘과 땅 덕분에 살아 있고, 만
물은 서로 형제자매 관계다. 모든 생명은 하나이며 둘로 나눌 수 없다. 자연
과 인간은 하나이며 서로 연대하며 떨어질 수 없는 유기적인 관계다."라고
했다.

김지하와 장일순은 해월 최시형의 혼이 깃든 근원의 땅 원주의 넉넉한 품
이 길러낸 생명 사상가였다.

수레너미재를 내려와 한가터로 향했다. 급경사다. 바위가 살짝 얼어있어
난간을 잡고 한 발 한 발 조심조심 내려섰다.

1895년 겨울 짚신을 신고 살얼음이 깔린 수레너미를 한 발 한 발 내려오
던 최시형의 발걸음을 떠올렸다.

"꽈당탕!"

윤준형이 엉덩방아를 찧었다. 40년 암벽고수도 어쩔 수 없다. 운동으로
다져진 몸이라 금방 툭툭 털고 일어났다. 암벽 얘기를 꺼내자 눈빛이 반짝
인다.

"암벽은 경험의 영역이다. 암벽은 말로 설명할 수 없다. 겪어보고 스스로
깨달아야 한다. 빙판과는 달리 암벽에서 한 번 실수는 죽음이다. 초보에게
매듭 묶는 법을 몇 번이나 가르쳐줘도 막상 현장에 가면 어떻게 할지 몰라

당황하는 경우를 많이 봤다."

어디 암벽만 그렇겠는가? 살면서 몸으로 부딪쳐 봐야 깨닫게 되는 일이 얼마나 많은가?

계곡 물소리를 들으며 빽빽한 잣나무 숲을 지나자 '한다리골'이다.

'한'은 '크고 높고 신성하다.'는 뜻이다. 한자 지명 백교(白轎)다. '한다리'가 구전과정에서 '흰다리'로 음이 변해 흰 白(백) 자를 써서 백교가 되었다. 한다리골은 치악산 매화산 아래 있다고 '매지골'이라고도 한다.

학곡리다.

구룡사에서 내려오는 물살이 활처럼 휘어져 빠르게 흐른다고 활골이라 불렀는데 한자로 바꾸는 과정에서 학곡리가 되었다. 마을 한가운데 양철 지붕과 황토로 만든 담배 건조장이 우뚝하다. 헐지 않고 잘 보존하면 언젠가 학곡리 명물이 될 것이다.

수레너미재를 돌아보며 태종 이방원을 떠올렸다.

세종 4년(1422) 5월 10일 태종이 죽었다. 쉰여섯 살 파란만장한 삶이었다. 그날 세찬 비가 내렸다. 태종은 죽기 전에 무슨 생각을 했을까? 태종은 임종 순간 애타게 비를 기다리는 백성을 떠올렸다.

"바야흐로 가뭄이 극심하니 내가 죽어 혼이 있다면 비가 오게 하겠다."

죽는 순간까지 백성을 생각했던 애민 군주였다. 이때부터 백성들은 매년 음력 5월 10일 내리는 비를 '태종우(太宗雨)'라 하였다. '용의 눈물'이었다,

글 쓰는 내내 태종과 해월을 떠올렸다. 꿈속에서도 태종이 오갔던 길을 걸었다. 운곡에 가려져 있던 말과 글 더미를 헤치자 글공부하던 소년 이방원이 보였다. 태종의 흔적을 따라 횡성과 원주의 길을 모두 더듬어 보려 했지만 미치지 못해 아쉬움이 남는다. 원주는 동학의 고장이다. 태종이 수레를 타고 넘었다는 수레너미재에서 최시형의 흔적을 찾아내 36년 마지막 도피처이자 피체지였던 호저면 고산리 송골과 연결시킬 수 있었던 것은 보람으로 남는다.

2코스 구룡길

치악산국립공원 사무소가 있는 소초면 학곡리 구룡마을과 소초면 흥양리 상초구를 잇는 산길이다. 구룡마을 '황장외금표' 비를 지나 화전민 터와 새재 넘어 윗새둔덕에 이르는 이 길은 학곡리 사람이 원주 읍내 장을 보러 다니던 옛길이다. 숯을 굽던 숯가마 터와 화전을 일구던 화전민 터가 남아있으며 계곡 물길이 이어져 있어 선조들의 생활 터전이었던 치악산의 또 다른 모습을 느끼게 한다.

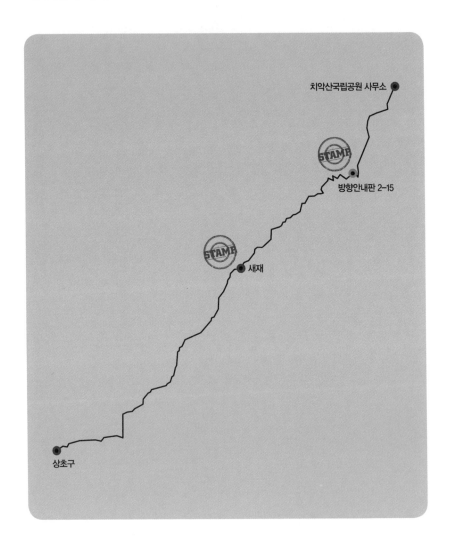

뭐라! 황장목을 베었다고?

'버려야 할 것이 무엇인지 아는 순간부터 나무는 가장 아름답게 불탄다. 제 삶의 이유였던 것, 제 몸의 전부였던 것. 아낌없이 버리기로 결심하면서 나무는 생의 절정에 선다.'

(도종환 '단풍드는 날')

모든 절정은 허허롭다. 소슬바람 타고 노란 단풍잎이 우수수 쏟아져 내린다. 형형색색 치악을 수놓았던 화려한 시간은 가고 나무는 남은 이파리를 떨구며 머지않아 다가올 엄혹한 시간을 준비하고 있다. 춘하추동, 생로병사 어김없는 자연의 법칙 앞에 인간은 수동적이고 방어적이다. 걷기는 질병을 막고 퇴행의 시간을 늦추려는 호모사피엔스의 안간힘이다. 구룡사행 41번 시내버스에서 여삼남구(女三男九)가 차례차례 내려온다.

'구룡길'은 천년 고찰 구룡사를 곁에 두고 새재 넘어 소초면 흥양리 가는

치악산 구룡사 입구 황장금표 비

길이다. 치악산국립공원 사무소 지나 구룡마을 입구에 특별한 바위가 눈에 띈다. '황장외금표'다. 황장금표가 있으니 가까이 오지 마라는 신호다. 황장금표는 황장목이 무리 지어 자라는 곳이니 출입을 금한다는 경고문이다. 치악산 자락에는 다섯 곳이 있다. 치악산 구룡마을과 구룡사 입구, 비로봉 남서쪽 능선, 영월군 무릉도원면 황정길 29, 법흥리 590-3(원주사자황장산 금표) 등이다. 영월군 무릉도원면은 조선시대 원주목 속현이었다. 조선은 황장목이 무리지어 자라고 있는 산을 황장산(黃腸山)으로 지정하고, 황장금 표를 세워 벌채와 농작물 경작을 금하고 출입도 엄격히 통제했다.

《조선왕조실록》에 황장산이 처음 등장하는 것은 태종 17년(1417) 4월 28 일이다.

"금산(禁山) 소나무에 벌레가 먹었다."

'금산'과 '봉산'은 혼용되었지만, 황장산(黃腸山)을 말한다. 황장산(황장봉산) 숫자는 고정된 게 아니고 그때그때 변화가 있었다. 영조 때 32곳, 순조 때 60곳이었다.

순조 8년(1808) 편찬된 《만기요람》에 따르면 전국 60곳 중 강원도 43곳, 경상도 14곳, 전라도 3곳이었다. 치악산이 황장산으로 지정된 이유는 소나무 재질이 좋고 강원감영이 있어 감시하기 쉬웠으며, 구룡사 앞을 흐르는 학곡천과 섬강, 남한강 수로 따라 한양까지 운반이 편리했기 때문이다. 벌채한 황장목을 뗏목으로 엮어 한양까지 운반하는 자를 '떼꾼'이라 불렀다. 남한강 상류인 영월과 정선에는 뗏목 축제가 남아있고 북한강 상류인 인제에도 뗏목 놀이가 남아있다.

황장목(黃腸木)은 줄기가 곧고, 마디가 길며, 껍질이 두껍고, 속이 누런 수령 120년 이상 된 소나무다. 다른 소나무보다 나이테가 3배나 촘촘해서 뒤틀림이 적고 단단하며, 송진이 많아 썩지 않는다.

1928년 일본 산림학자 우에키 호미키가 "재질이 곧고 단단하다."며 학명을 '금강소나무'로 등재하면서, 순우리말 '황장목'은 자취를 감추고 말았다.

원주옻칠기공예관장 김대중은 "일제가 황장목을 금강소나무'로 창씨개명했다."며, 2017년부터 매년 치악산국립공원 사무소와 함께 '황장목 숲길 걷기대회'를 개최하고 있다. 김대중은 현장 취재와 고문헌 자료를 바탕으로 4년여 준비 끝에 2022년 《황장목 금강소나무로 창씨개명하다》를 펴낸 황장목 전문가다.

황장목은 왕실 관(棺) 제작과 궁궐 건축, 세곡 운반선과 수군 판옥선 건조

치악산 구룡사 황장목 숲길. 금강소나무가 아니라 황장목이 우리말이다.

에 쓰였다. 임금의 관은 '재궁(梓宮)'이라 하여 즉위 때 미리 만들어 놓고 매년 옻칠하여 보관했다.

'재궁'은 '관곽(棺槨)'으로서 시신을 넣는 속널(관)과 겉널(곽)로 이루어진다. 속널은 내재궁이라 하여 강원도와 경상도 황장목을 썼고, 겉널은 외재궁이라 하여 전라도 황장목을 썼다. '재궁'이 나왔으니 '떡 본 김에 제사 지낸다.'고 조선 임금의 장례절차를 잠시 살펴보자.

임금이 죽으면 내시가 임금이 평소 입던 옷을 들고 궁궐 지붕에 올라가 "상위복(上位復, 임금의 혼이여! 돌아오소서!)"이라고 세 번 외친다. 혼이 돌아오기를 닷새 기다린 후 몸을 씻긴 다음 입에 쌀과 구슬을 넣고, 머리카락, 빠진 이빨, 손톱, 발톱을 비단 주머니에 넣은 다음, 옷을 입혀서 관에 넣었다. 재궁은 다시 찬궁(欑宮, 빈전 서쪽 벽에 기단을 쌓고 지은 큰 상자

집)에 봉안한 다음, 흰 장막을 치고 남쪽에 대행 왕위 신위(죽은 영혼이 의지할 자리)를 놓았다. 왕세자는 이런 절차가 끝난 다음 즉위식을 했으며, 죽은 임금이 능에 묻히기까지는 5~6개월이 걸렸다. 시신을 모시는 곳을 빈전이라고 했고 새 임금은 빈전 옆 여막에 거처하면서 수시로 찾아와 곡을 했다. 왕릉 조성은 산릉도감에서 맡았고 2천여 명이 넘는 인원이 동원되었다. 동원된 자는 대부분 승려였다. 조선시대 승려는 성을 쌓고, 종이를 만들고, 세곡을 운반하며, 도토리도 주워야 했다.

현종이 죽자 숙종이 명했다. 숙종 원년(1674) 8월 27일 기록이다.

"8도 승군 2,650명을 징발하여 각자 1개월 식량을 가지고 산릉에 부역토록하라."

왕릉 조성이 끝나면 발인이 시작되고 재궁은 궁궐을 떠나 노제를 거쳐 장지에 이르렀다.

황장목 도벌을 감시해야 할 수령이 목재상과 결탁하여 뒷돈을 받고 도벌을 묵인하는 일도 있었다. 주인공은 원주목사 김경항이다. 현종 즉위년(1659) 11월 18일 사간 심세정 등이 아뢰기를, "원주목사 김경항은 상평청 곡식 수백 석을 몰래 취하여 집으로 가져갔는가 하면, 황장목 80여 그루를 몰래 베어 관판(棺板)을 만드는 등 너무나도 탐학한 짓을 저질렀으니, 잡아다 국문하소서." 하니, 따랐다.

조사는 흐지부지되고 말았다. 하명을 받은 강원감영 조사관이 원주목사는 봐주고 죄 없는 산지기만 불러서 조사하는 척하고 없던 일로 해 버리고 말았다. 이듬해 사헌부에서 들고 일어났다.

현종 1년(1660) 10월 7일 '황장목 벌채 사건' 처리결과를 임금에게 보고하여, 원주목사 김경항과 하명 사건을 부실하게 처리했던 조사관의 책임을 엄중히 묻고 파직하라고 청했다. "전 원주목사 김경항은 지난겨울 취리(就理, 이득을 취함)하여 조사하기로 결정이 났는데, 그 당시 조사관이 눈이 많이 왔다고 핑계를 대면서 끝내 조사하지 않고, 산지기 등에게만 공초를 받아 탐관오리로 하여금 형벌을 면하게 만들었습니다. 조사관이 마음대로 공도를 무시한 죄가 무겁습니다. 당시 조사관을 잡아다 심문하여 죄를 정하소서. 도신(道臣, 강원도 관찰사)도 조사관의 부실한 보고를 받고, 흐리멍덩하게 치계(馳啟, 보고)한 것 또한 매우 해괴한 일이니, 먼저 파직시킨 뒤에 추고하소서." 하니, 임금이 그대로 따랐다. 임금이 하명해도 현장 관리가 흐지부지하며 깔아뭉개고 말았던 것이다. 하나를 보면 열을 안다. 공직기강이 엉망이었다. 일벌백계로 다스려야 했다.

20일 후 현종 1년(1660) 11월 23일 김경항은 곤장 백 대를 맞고 삼천리 유배형에 처해졌다. 이런 일이 어디 옛날에만 있었겠는가? 역사는 반복된다. 역사는 앞서 산 자들의 사건과 사례를 통해 끊임없이 가르쳐 주지만 인간의 탐욕은 그칠 줄 모른다.

조선시대는 산림이 울창했을 것 같지만 민둥산이 많았다.
《승정원일기》 숙종 4년(1678) 10월 24일 기록이다.

"평안도 암행어사 이한명이 보고하기를 관서지방을 돌아다녀 보니 모든 산이 벌거숭이다. 다른 지방도 마찬가지다. 화전을 일궈 먹고살기 때문이다(火田耕食之故也, 화전경식지고야)."

광해 13년(1621) 3월 21일 임금이 지시했다.

"도성 사방에 있는 산은 볼품없이 벌거숭이가 되어 민둥산이 되었다. 지시한 게 한두 번이 아닌데 아직도 처리하지 않고 있는 걸 보니, 직무를 제대로 수행하지 못하고 있음이 분명하다. 잠복하거나 특별 순찰을 강화하여 성안 밖에 있는 남산과 다른 산, 사대문 밖에서 소나무를 베어 오는 자를 체포하여 보고하라."

1910년 조선총독부 '조선임야분포도'는 "조선 임야의 68%는 나무가 전혀 없거나 거의 없는 민둥산이 대부분이고, 도성 인근에도 나무가 제대로 남아있는 산이 없다."고 했다.

왜 이렇게 되었을까? 백성은 나무를 베어 땔감으로 썼고, 관리는 관청을 짓고 보수하거나 조운선과 판옥선을 만들었다. 인구가 늘어나면서 소금 수요도 늘어나 소금가마에 불을 지피기 위해 또 소나무를 베었다.

최병택은 《한국 근대 임업사》에서 "배 한 척 만드는데 수령 60년에서 80년 된 소나무 150그루가 필요했다. 조선 후기에는 배 1,000여 척을 만들기 위해 연 15만 그루 소나무를 베었다."라고 했다.

조선은 입산 금지구역을 설정하고 나무를 베어 쓰기만 했지 국가 차원에서 나무를 심고 가꾸는 조림정책은 없었다. 태종과 정조가 한양 주변에 소나무를 심었지만, 왕실을 위한 일이었다.

태종 11년(1411) 1월 7일 공조판서 박자청을 보내 각 군영 대장과 대부 각 5백 명, 경기도 장정 3천 명을 데리고 남산과 태평관 북쪽에 20일 동안 소나무를 심게 했고, 태종 18년(1418) 1월 7일 금산의 송충이를 잡게 했다. 정조는 부친 사도세자가 잠들어 있는 현륭원에 1789년부터 1795년까지 7년간 수원과 광주, 용인, 과천 등 8개 고을 백성을 동원하여 나무 12만 9천772그루를 심었다.

조선왕조 500년 동안 단 한 사람, 국가 차원에서 조림정책을 건의한 자가 있었다. 사간원 헌납(정5품) 권엄이다.
정조 5년(1781) 10월 22일 기록이다.

"영남 몇몇 고을에 홍수가 나서 큰 재해를 입었습니다. 숲은 드문드문 있고, 산은 모두 민둥산이어서 습기가 만연하고, 흙은 모두 모래가 되어 비가 오거나 갑자기 바람이 불면 높은 곳은 무너져 내릴 형세가 있고, 낮은 곳은 끊어져 터질 염려가 있습니다. 나무가 없어 재해가 수차례 발생하고 있으며 민가 피해는 올해 가을에 극도에 달하였습니다. 이는 오로지 나무 기르는 일을 엄하게 하지 않은 데 연유한 것이며, 비와 바람의 재해로만 돌려서는 안 되는 것입니다. 원컨대, 각도 관찰사에게 지시하여 여러 고을에서 벌목을 금하고 나무를 많이 심게 하여 민둥산이 되어 씻겨 내려가는 일이 없도록 하고, 제방을 쌓고 터진 곳을 막아서 견고하고 완벽한 방책에 힘써서 한 번의 노고로 영원히 평안을 누리는 효험이 있게 하소서."

나무를 심고 가꿀 줄은 모르고 베어 쓸 줄만 알았던 시대, 선각자 권엄의

건의는 홍수방지를 위한 탁월한 해법이었다. 신하가 아무리 간언해도 임금이 흘려듣고 무시해버리면 그만이다. 지금도 마찬가지다. 지도자가 국민의 소리에 귀 기울이지 않으면 환난으로 이어지게 된다.

일제는 1917년부터 1924년까지 임야조사사업으로 산림 소유권을 확정하고 전체 임야의 약 60%인 사유림 소유자를 산림조합에 가입시킨 후 벌목을 엄격히 통제했다.

1937년 중일전쟁이 일어나면서 목재와 목탄 수요가 크게 늘어나자 대규모 벌목이 이루어졌고 1940년 무렵에는 민둥산이 다시 생겨나기 시작했다.

해방 이후 본격적인 산림녹화 사업이 시작된 건 박정희 대통령 때부터였다. 1973년 제1차 치산녹화 10개년 계획이 수립되고, 1976년 '화전민 정리법'이 시행되면서 화전민을 내보내고 민둥산에 나무를 심고 연탄을 보급하기 시작했다. 땔감 수요가 차츰 줄어들고 나무를 심기 시작하자 민둥산이 울창해지기 시작했다. 제1차 치산녹화 사업이 4년 당겨 마무리되고, 제2차 치산녹화 사업이 마무리되던 1989년에는 전국 산림면적 3분의 1에 해당하는 205만 ha에 49억 그루 나무를 심었다.

1982년 유엔식량농업기구는 "대한민국은 제2차 세계대전 이후 국토 녹화에 성공한 유일한 국가"라고 극찬했다.

산림청은 산림녹화 50주년을 맞아 2023년 한해 4,900만 그루 나무를 심고 서울 남산의 74배 면적인 2만 2,000ha에 나무숲도 조성할 예정이다.

세조와 정희왕후 윤씨가 잠들어 있는 광릉 국립수목원 '숲의 명예전당'에

광릉수목원 '숲의 명예전당' 조림 영웅 여섯 명

는 벌거숭이 국토에 나무를 심고 가꾸었던 조림 영웅 여섯 명의 사진이 걸려있다. 대통령 박정희, 나무 할아버지 김이만, 나무과학자 현신규, 축령산 조림왕 임종국, 천리포 수목원 민병갈, 전 SK그룹 회장 최종현이다. 최종현은 1972년 식목 전담회사(서해개발 현 SK임업)를 세우고 황폐지를 사들여 여의도 면적 여섯 배인 1,360만 평에 나무를 심었다.

다시 구룡길로 들어섰다. 구불구불 긴 오르막이 시작된다. 화전민이 밭을 일궈 재배한 감자, 조, 수수와 참숯, 약초를 지고 원주 읍내장에 내다 팔아 쌀과 소금, 옷으로 바꾸어 오던 '화전민 옛길'이다. 화전민 집은 흙과 돌. 나무로 만든 너와집 또는 굴피집이었고, 아궁이에서 나온 재는 똥과 섞어 발효시킨 후 비료로 썼다.

1970년대 치악산 구룡분교 교사로 근무했던 박태수는 "당시 구룡사 부근 화전민은 약 70여 호, 구룡분교 어린이는 150여 명이었다."고 했다.

화전민 터에서 남아 있는 돌담과 계단밭이 군데군데 눈에 띈다. 길 이름을 '화전민 옛길'로 바꾸면 어떨까? 길은 이름만 잘 지어도 찾아오는 자가 늘어난다. 길 이름에 걸맞게 구간까지 조정하면 명품 길이 되는 것이다.

긴 오르막이 끝나자 억새가 많았다는 새재다.

새재는 학곡리 새재골과 흥양리 상초구를 잇는 옛 고개다. 《조선지지자료》는 새로울 신(新), 고개 현(峴) 자를 써서 '신현(新峴)'이라 하였다.

나무 그루터기에 모여앉아 새 회장과 총무를 뽑았다. 권력이나 명예가 아니라 헌신과 봉사만 있는 자리다. 이런 자리는 서로 안 맡으려고 한다. 추천하고 고사하는 '밀당' 끝에 새 회장이 뽑혔다. 내친김에 차기 회장도 내정했다.

상초구로 하산이다.

계곡 물소리 따라 단풍이 지고 있다. 바람을 타고 우수수 쏟아진다. 여인 세 명이 모델이 되어 촬영을 청했다. 굳이 청하지 않아도 알아서 척척 해주면 얼마나 좋을까? 눈치가 빠르면 절간에서도 고기를 얻어먹는다는데…….

숯가마 터다.

화전민은 참나무로 숯을 구워 장에 내다 팔았다. 숯은 금줄이나 장 담글 때 썼다. 숯은 물과 공기를 정화시키고 습기와 냄새를 없애주는 친환경 연료다.

숯 하면 화롯불이 떠오른다. 함박눈이 펑펑 쏟아지던 겨울날, 아랫목에 옹기종기 모여 앉아 화롯불을 쬐며 다락에서 내어온 홍시 먹던 어린 시절이 생각난다.

시대가 변했다. 숯 공장과 숯가마 사우나가 생기고 숯불구이 집도 생겨났다. 숯이 일상이 되었다. 역방향 구룡길이 끝나는 곳에 '제일참숯' 공장이 있었다. 화전민 터와 숯가마 터가 있었던 구룡길 스토리에 딱 들어맞는 장소였다.

상초구(上草邱)다.

윗 상, 풀 초, 언덕 구 자를 모으면 '윗 억새 둔덕'이다. 동네 사람들은 '초구'를 우리말로 '새두둑'이라 부른다. 소초면 흥양리 옛 문수사 터를 중심으로 동쪽 들판은 윗새두둑, 서쪽 들판은 아랫새두둑(하초구)이다. 예전에는 무슨 뜻인지도 모르고 남들이 '상초구', '하초구'하니 아무 생각 없이 따라 불렀는데 알고 나니 얼굴이 화끈거린다.

윗새두둑에서 치악산 삼봉과 토끼봉이 한눈에 들어온다. 삼봉은 봉우리가 세 개라서 금방 알아볼 수 있지만, 토끼봉은 어딘지 알 수 없다. 도끼처

상초구(윗새두둑)에서 바라본 치악 능선. 멀리 삼봉과 도끼봉이 한눈에 들어온다.

럼 생겼다고 '도끼봉'인데 '토끼봉'이 되었다. 삼봉에는 봉화를 올리던 봉수대가 있었고, 일제강점기 때 혈을 끊기 위해 쇠말뚝을 박았다고 한다.

《한국지명총람》은 삼봉을 '봉화봉'이라 했다. 투구봉도 있다는데 보이지 않는다. 너무 모르고 살았다. 안내판을 세워 지명유래와 함께 치악산 봉우리를 바라볼 수 있게 해주었으면 좋겠다. 안내판 하나에 길 품격이 달라진다.

윗새두둑에서 가까운 문수사 터는 흥양리 '자생식물육종연구소' 안에 있다. 마을 사람들은 '문수암'이라 부른다.

《여지도서》는 "치악산 서쪽 골짜기에 있으며 폐사되었다."라고 했다. 2022년 여름 이상현 선생의 도움으로 원주시 비지정문화재 조사팀과 함께 현장을 찾았다.

문수사 터는 밭 한가운데 있었다. 집주인은 산속을 오르내리며 넓은 밭 한가운데를 가리켰다.

"저기가 문수사지에요."

돌무더기가 간간이 눈에 띄고 돌부처 모습도 보였다.

밭 주인은 "머리 없는 돌부처 몸뚱이만 밭에 누워있었어요. 안 되겠다 싶어서 머리통만 한 돌을 주워서 함께 세워 놓았어요. 마치 부처 같지 않아요? 농사짓다가 이따금 돌부처를 보고 '부처님, 좀 도와주세요.'라고 기도하곤 합니다. 불두(부처 머리)는 돈이 된다고 해서 도굴꾼이 훔쳐 간 듯합니다."라고 했다.

문수사 터는 축대와 석탑재 일부만 남아 있고 절터는 밭이 되었다.

소초면 흥양리 문수사 터. 서거정이 공부하던 곳이며, 운곡 원천석도 만년에 이곳에서 요양했다.

문수사는 조선 초 문신 서거정이 과거 공부하던 곳이다. 열아홉 살 때 생원 진사시에 합격하고 스물다섯 살 때 대과에 합격했다. 계유정난 주역이었던 권람, 한명회와 함께 부론 법천사에서 태재 유방선한테 배웠다. 서거정은 과거시험을 23차례 주관했고, 풍수와 성명학, 천문지리에 통달했으며, 한문학 정수를 모은 《동문선》을 펴냈다.

《동국여지승람》에 서거정이 '임지(원주목사)로 가는 민정에게 보내는 시'가 나온다.

"치악산 산속에서 글 읽던 절 / 젊을 때 노닐던 지난 일 또렷이 기억나네 / 법천사 뜰 탑에는 시를 써 놓았고 / 흥법사 대 앞에는 먹으로 비를 탁본하였지 / 그때 행장은 나귀 한 마리에 실을 만한 것도 못되더니 / 지금은 돌아가는 길을 꿈이 먼저 아는구나 / 머리가 희어지도록 다시 놀러 가려는 흥을 이루지 못하였으니 / 그대를 보내는 마당에 멀리 내 생각을 흔들어 놓는구나."

서거정이 '치악산 산속에서 글 읽던 절'이 문수사다. 법천사는 부론면 법천리에 있고, 흥법사는 지정면 안창리에 있다. 당시 서거정은 문수사, 법천사, 흥법사를 오가며 글공부를 한 듯하다.

운곡 원천석도 문수사를 찾았다. 《운곡시사》 '유문수사(遊文殊寺)'에 당시 풍경이 그림처럼 펼쳐진다.

"꾸불꾸불 끊어진 돌다리 지나 / 높은 누각이 우뚝하게 보이네 / 눈 쌓여 시냇물 막혀 있고 / 구름 밀려와 골짜기 그윽하네 / 안개와 노을은 예나 지금이나 똑같은데 / 세월은 절로 봄 되었다 가을 되네.

선문의 일 배우고 / 마음 가다듬고 화두를 묻네 / 바람 부는 난간에 향내 흩어지고 / 범패 소리 종루를 흔드네 / 나그네 생각은 고요해졌다 다시 적막해지는데 / 스님 이야기는 들을수록 맑고 그윽하네 / 산은 비어도 구름은 그대로고 / 소나무는 늙어도 달은 천추에 새롭네 / 길이 미끄러워 발붙이기 어려운데 / 스님방 돌 위에 있네."

후기

문수사지가 있는 소초면 흥양리 자생식물육종연구소는 홀로 찾아가기 어렵다. 시간을 내어 현장을 안내해준 자생식물육종연구소 소장과 원주문화원 이상현 원장께 고마운 마음을 전한다.

운곡솔바람숲길

운곡 원천석 묘소와 원주 얼교육관이 있는 치악산 자락 소나무 숲길이다. 치악산 둘레길 1코스 꽃밭머리길이 들어 있으며, 황토 흙길 맨발 걷기 핫 플레이스로 명성을 얻고 있다. 주말은 물론 평일에도 맨발로 솔바람 숲길을 걷는 시민으로 성황을 이루고 있다.

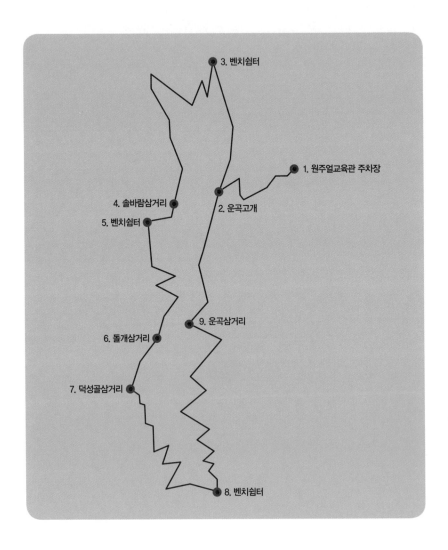

운곡의 시(詩)는 역사다

맨발 걷기가 유행이다. 운곡솔바람숲길은 맨발 걷기로 유명하다. 맨발로 황톳길을 걸으면 잠도 잘 오고 고혈압. 고지혈증, 당뇨. 통풍 등 성인병 치료에도 효과가 탁월하다고 한다.

700년 전 치악산 기슭에 살았던 운곡은 병약했다. 37세 때 아내를 잃고 홀로 살면서 자주 아팠고 많이 아팠다. 운곡은 아플 때마다 각림사, 영천사. 환희사를 찾았고 59세 되던 1388년 2월에는 많이 아파서 퇴락한 절 무진사에서 두 달가량 요양하기도 했다. 지금이야 아프면 언제든지 병원을 찾을 수 있지만, 그때는 산속에 있는 절이 병원이자 요양 시설이었다. 태장동 영천사는 횡성 각림사와 함께 운곡이 제자를 가르치던 강의실이었고, 돌아가신 부모 천도제와 수륙제를 지내던 각별한 절이었다.

이희는《송와잡설》에서 "운곡은 원주 변암촌에서 살았다. 고을 동북쪽 5리쯤에 '영천(靈泉)'이라는 절이 있다. 태종도 즉위 전에 이 절에 묵으면서 운곡에게 자문하여 깨우침이 많았다."라고 했다.

영천사는 신륵사에서 입적한 나옹선사가 창건했다. 운곡이 모친 기일에 방문했던 환희사와 요양차 묵었던 무진사 위치는 어딘지 알 수 없다.

운곡 묘소로 발걸음을 옮겼다.

소나무가 우거진 황토 흙길 사이로 묘소가 봉긋하다. 풍수가는 묫자리가 벌 허리 모양 '봉요혈'이라고 한다.

오대산에 머물던 무학대사가 한양 가는 길에 들러 묫자리를 봐주며 "위쪽은 후손 중 삼대 정승이 나올 자리요, 아래쪽은 백 대 자손이 번성할 자리"라고 하자, 운곡은 망설이지 않고 백 대 자손이 번성할 '벌떼 명당'을 택했다.

운곡 원천석 묘소. 개경 쪽을 바라보는 봉요혈 명당이다.

원주 원씨는 자손이 번성했고, 조선 인조와 효종 때는 원회갱 아들 여섯 명이 모두 대과에 급제하여 과거사에 진기록을 세우기도 했다.

　운곡(耘谷, 1330~?)은 치악산에 은거하며 22세 때부터 65세 때까지 40여 년간 고려 패망과 조선건국에 이르는 과정을 야사 6권과 시집 2권에 담아낸 재야시인이자 은둔 선비였다. '골짜기에서 김을 맨다.'는 호 안에 부귀공명을 구하지 않고 초야에 묻혀 살겠다는 굳센 의지가 담겨 있다.

　운곡 원천석은 원주 원씨 시조 원경 19세손이다. 원경은 고구려 보장왕 2년(643) 당 태종이 국교 정상화를 위해 고구려에 파견한 '경' 자 이름을 가진 팔학사 중 한 명이다.

　원주는 마한, 백제, 고구려, 신라 땅이었다. 원경은 고구려로 귀화하여 좌명공신이 되었다. 원주 원씨 중시조로 운곡공계(원천석), 원성백계(원극유), 시중공계(원익겸)가 있다.

　운곡은 1330년 7월 8일 개경에서 태어났다. 할아버지는 정용별장(지방 주현군 대장)을 지낸 원열이고, 아버지는 종부시령(왕실 족보를 관리하던 관청 종3품)을 지낸 원윤적이며, 어머니는 대장군 이송견 딸 원주 이씨다. 운곡은 3남 1녀 중 차남이며, 형은 원천상, 동생은 원천우다. 열 살 때 아버지가 죽자 어머니 따라 원주로 내려왔다. 춘천 향교에서 공부하다가 공민왕 14년(1360) 9월, 31세 늦깎이로 국자감시에 합격했다. 이후 벼슬길에 나아가지 않고 치악산에 묻혀 살았다.

　우담 정시한 손자 해좌 정범조는 《운곡선생 문집》 서문에서 이렇게 말했다.

"조선왕조가 역성혁명을 할 때 왕씨를 위해 절개와 의리를 지킨 세 사람이 있다. 정몽주, 길재, 원천석이다. 중국 은나라 세 사람에 비견할 수 있다……. 운곡은 전 왕조에서 한낱 진사였다. 왕씨(고려) 조정에 서지도 않았고, 국록도 먹지 않았다. 태조(이성계)가 왕위에 오르기 전, 같이 공부하던 친구였다. 시운에 영합하여 좌명훈신(佐名勳臣)이 된다 한들 누가 뭐라 하겠는가? 대대로 국록을 먹던 집안 후손답게 의를 지켜 두 성(姓)을 섬기지 않았고, 큰 산 바위틈에 숨어 돌, 나무와 함께 늙어갔다. 자취는 드러내지 않았지만 처신한 절의는 정몽주나 길재보다 낫다고 할 수 있다."

운곡은 묘비를 세우지 말라고 유언을 남겼지만, 후손은 직함을 넣어 묘비를 세웠다. 비석에서 땀이 줄줄 흘러 직함이 지워졌다. 후손은 어쩔 수 없이 직함을 빼고 '고려국자진사'로 고쳐 세웠고 그때부터 땀이 나지 않았다고 한다. 묘비 아래 묘갈이 있다. 묘갈은 묘비 주인공 일대기다. 현종 11년(1670) 미수 허목이 글을 짓고 운곡 후손 원시명 외손자 명필 이명은이 글을 썼다.

"고려 정치가 어지러워지는 것을 보고 홀로 숨어 살면서 호를 운곡이라 하였는데, 고려가 망하자 치악산에 들어가 끝내 나오지 않았다. 태종대왕이 여러 차례 불렀지만 나오지 않자. 임금이 그 의리를 높이 여겼다……. 군자는 숨어 살아도 세상을 버리지 않는다고 하더니, 선생은 세상을 피해 스스로 숨어 살았지만, 세상을 잊은 분이 아니었고, 도를 지켜 변하지 않음으로써 그 몸을 깨끗이 하여 백 대 스승이 되었다. 운곡은 백이(伯夷, 사마천 사기에 나오는 은나라 고죽국 왕자다. 주나라 무왕이 은나라를 멸망시키자 주나라 곡식은 먹지 않겠다며 수양산에 들어가 고사리를 캐 먹으며 살다가 굶어 죽었다)의 짝이라고 할 만하다."

퇴계 이황은 "운곡의 시는 역사다. 원주에 믿을만한 역사가 있다. 국가 만세 후에 마땅히 운곡의 의리를 쫓겠노라."라고 했으며, 상촌 신흠은 "운곡의 시는 질박하다. 바로 쓰고 숨기지 않았다."라고 했다. 사곡 정장은 《태종대기》에서 "선생이 아니었으면 절의가 빛나지 않았을 것이고, 덕도 이루어지지 않았을 것이다. 동방 억만년 절의가 왕성함이 여기에 있다."라고 했다.

조선 중기 이후 사림들의 극찬이 끊이지 않은 운곡 원천석은 어떤 사람일까? 22세부터 65세까지 그가 지은 시문을 통해 일생을 따라가 보자.

운곡은 22세 때 금강산을 다녀와서 시를 짓기 시작했다. 25세 때 공민왕 3년(1354) 10월 횡성, 홍천, 인제, 서화, 방산, 양구를 지나 다시 금강산 유람에 나섰다. 가는 도중 방산(양구군 방산면)에서 백성들의 처참한 삶을 목격하고 큰 충격을 받았다. 운곡은 현실에 분노하며 동네 노인의 하소연과 쇠락해가는 산골 마을 풍경을 시문에 담았다.

"10월 15일 방산을 떠나 양구에 이르렀다. 아전이나 백성 집이 모두 기울어지고 땅바닥에 쓰러졌으며 마을은 텅텅 비어 연기 나는 집이 없었다. 길 가는 자에게 물었더니 '이 고을은 낭천(화천)에서 아울러 다스리는 곳인데 예로부터 땅이 좁고 척박해서 백성이나 산물이 보잘것없다. 요즘은 권세가가 땅을 빼앗고, 백성을 못살게 굴고, 세금이 너무 많아 발붙일 곳이 없게 되었다. 겨울만 되면 세금을 독촉하는 관리가 문이 메어지도록 잇달아 찾아와서 한 번이라도 명을 어기면 손과 발을 높이 매달고 곤장을 쳐서 살과 뼈가 헤어지니 백성이 도저히 견디지 못하고 사방으로 흩어져서 마을이 이렇게 되었다.'고 했다.

그 말을 듣고 오언시 여덟 구를 지어 마을이 망해가는 모습을 적는다.

파옥에는 새들만 지저귀고 매년 폐단만 더하니 / 논밭은 권호(權豪)에게 귀속되고 말았네 / 자식을 버림은 애석하나 백성은 도망가고 관리 또한 없네 / 어느 날 즐거움 누릴꼬 / 문에는 포악한 자가 연이어 찾아오니 / 신고(辛苦)로 인한 것이니 어찌 허물이 되겠는가."

운곡은 31세 때인 공민왕 9년(1360) 9월 도촌 이교가 주관한 국자감시에 합격했다. 합격자는 99명이었고 국자진사라 불렀다. 동년(동기생) 가운데는 정도전(19세), 윤소종(16세), 이숭인(14세) 등이 있다. 국자감시에 응시하려면 개경 거주자는 개경시, 지방 거주자는 주·현마다 1~3명씩 뽑는 계수관시에 합격해야 했다. 국자감시에 합격하면 국립대학인 국자감 입학 자격이 주어졌고 예부시(대과)에 응시할 수 있었다. 국자감은 이름이 바뀌었다. 국학(1275), 성균감(1299), 성균관(1308), 국자감(1356), 성균관(1362)이다. 성균관은 조선으로 이어졌으며 1895년 갑오개혁 때 폐지되었다.

고려 선비는 국자감시(성균관시, 소과)에 합격하면 사적(土籍)에 등재되었고, 군역(병역의무)과 신역도 면제되었다. 운곡은 국자감시에 몇 번 응시한 듯하다. 공민왕 5년(1356) 반원 개혁정책으로 원과 홍건적 침입이 예상되어 군적을 확대했다. 선비라도 국자감시에 합격하지 못하면 병역의무를

석경사 앞에 있는 운곡 원천석 시비

이행해야 했다.

운곡은 병역소집통지서를 받고 "마음으로는 항상 요로에 나아가길 바랐는데 재주와 학문이 미치지 못해 내 이름이 훈련받는 병사 명부에 들어있구나!"라며 한탄했다. 국자감시에 합격했더라도 중앙 관직에 나아가기 위해서는 대과인 예부시에 합격해야 했다. 운곡의 국자감시 동기생 가운데 이숭인은 16세 때 합격했고, 윤소종은 21세 때 수석 합격했으며, 정도전은 21세 때 12등으로 합격했다. 운곡의 예부시 응시 여부는 알 수 없지만, 출사(出仕, 벼슬 얻어 관직에 나아감)에 대한 미련을 버리지 못했던 듯하다.

운곡은 33세 때 국자감시 동기생 안중온에게 편지를 보내 벼슬자리 추천을 부탁했다.

"재주가 뛰어난 관리가 글솜씨까지 뛰어나 임금 앞에서 칙서를 받들었지. 부탁하건대 공직에 한 번 추천해주게나. 산속에도 세상 구경할 선비가 있다네……. 주나라 무왕은 강태공의 낚시를 거두게 했고, 촉나라 임금도 공명의 집을 세 번이나 찾아갔다네. 가시나무 숲이라고 지란(芝蘭) 향기가 없을까? 산길 싫다 말고 내 집을 한번 찾아주게나."

30대 운곡은 은일(隱逸, 세상을 피해 숨음)과 출사 사이에서 때때로 흔들렸다. 41세 때도 출사에 대한 미련을 버리지 못했다(《운곡시사》 2권 177쪽, '목백에게 쓴 시').

"뜻을 이루었으면 하는 마음으로 욕심을 낸다면, 마치 나무에 올라 물고기를 구하는 것과 같다. 또 벼슬 내리기를 소망하고 벼슬 주기를 기다린다면 마치 나무 그루터기를 지키면서 토끼를 기다리는 것과 같아 한바탕 비웃음을 당할 것이다."

47세(1376)와 56세(1385) 때도 벼슬자리 부탁은 계속되었지만 이뤄지지 않았다.

'흔들리지 않고 피는 꽃이 어디 있으랴? 흔들리지 않고 가는 삶이 어디 있으랴?'

운곡은 국자감시에 합격하던 해(1360)에 백일 된 딸을 잃었다. 35세 때는 아들을 잃었고, 37세 때는 부인을, 43세 때는 어머니를 잃었다. 딸, 아들, 부인, 어머니를 차례로 잃고 홀로 살았다. 외롭고 막막한 시간을 어떻게 보냈을까? 농사지으며 승려, 관리, 학자와 시문을 주고받았고, 때때로 여행하며 살았다.

연세대 교수 이인재는 《지방지식인 원천석의 삶과 생각》 '중세지방지식인 원천석 삶의 이모저모'에서 "운곡은 45세 이전까지는 서곡(간현 부근으로 추정) 부근에 살다가 45세 되던 해 3월 이후 치악산 변암 남쪽 아래 집을 짓고 살았다. 이사 당시에는 초가로 된 남향 본채만 있었는데 남쪽 언덕에 작은 연못을 만들고 북쪽에는 소나무를 빙 둘러 심었다. 친형이 와서 '일찍이 안개 속에 묻혀 살기를 원하더니 살기 좋은 곳을 얻었구나. 사립문 앞 오솔길, 소나무 가지가 층층이 산을 이루었네.'라고 하자, '물 끌어와 남쪽 언덕 개간하고, 소나무 심어 북쪽에 산을 둘렀지요.'라고 화답했다. 운곡이 46세 되던 해(1375) 친형 원천상이 죽었다. 58세 때 본채 북서쪽에 소나무 정자를 지었고, 59세 때 본채 남쪽 너머에 북향 서재인 누졸재를 새로 지었다. 본채와 서재가 갖추어진 집이었지만 운곡은 '누추한 집에 옹졸한 자가 산다.'라고 하며 겸손해했다."라고 하였다.

운곡은 가족관계도 좋았다. 큰아들(원지; 정7품 직장 동정)과 딸이 일찍 죽고, 부인도 일찍 죽었지만 형(원천상)과 동생(원천우), 여동생, 조카, 손자, 외가 식구(이윤생, 이윤비), 처가 식구(이실, 원립), 여동생 시댁 식구(이지수, 이자성, 이만계), 사돈 식구(이심)와 자주 만나며 교류했다. 계 모임도 하고 명절 때나 생일 때 서로 오갔다. 동생은 우왕 2년(1376) 금성(김화) 감무(현감)로 떠나기까지 함께 살았고 벼슬길에 나아가는 가족이 있으면 찾아가서 격려했다.

운곡은 치악산에서 농사짓고 시만 썼던 게 아니라 틈만 나면 여행을 다녔다. 40세 때는 죽령, 영주, 안동, 영해를 거쳐 삼척과 정선을 다녀왔고, 44세 때는 가평과 춘천을 다녀왔다. 다양한 사람을 만나며 끊임없이 세상과 소통했다. 개경에서 발간된 책을 구해 보기도 했고 시문을 주고받은 승려만 해도 89명이었다. 승려 가운데는 화엄종, 선종, 천태종 승려도 있었고, 도경, 신조, 원통, 각굉, 고암, 고달사 대선사, 영천사와 각림사 주지, 나옹선사, 무학대사와도 교류했다.

각굉은 치악산 상원사 무주암에 있을 때(1361) 친하게 지냈으며, 18년 후 우왕 5년(1379) 신륵사에 나옹선사 부도를 세울 때 나옹선사 문인 자격으로 실무를 맡아 건립 행사를 주관했다.

일본 승려도 찾아왔다. 각굉이 유학 간다고 인사차 왔을 때 "중국은 전란으로 위험하니 몸조심하라."고 염려해주고, 각굉 제자가 유학 인사차 왔을 때도 "올바로 공부하고 와라. 중국과 고려는 풍토가 다르지만 공부하는 건 같다."며 조언하기도 했다.

운곡은 성리학을 공부한 유학자였지만 승려들과 시를 주고받으며 소통했던 열린 선비였다. 불교를 배척하는 유자의 목소리를 '개구리 울음소리'라고 비하하며 유불선으로 마음을 갈고 닦아야 한다고 했다.

교류한 관리와 유학자도 많았다. 원주목사 등 지방관 46명과 교류했고,

서생. 생원 등 지방유학자 8명, 국자감시 동기생 98명 가운데 13명과도 연락을 주고받았다. 가르친 제자만 해도 70여 명이나 되었다.

50세 때인 우왕 5년(1379)년 여주 신륵사를 찾았다. 목은 이색의 초청으로 보제존자 나옹선사 입적 3년 후에 열린 사리탑 건립행사에 참석하기 위해서였다. 운곡은 이색과 친했고 나옹화상 사리탑 건립행사 실무를 맡았던 각굉과는 수시로 편지를 주고받으며 소통하던 사이였다.

목은 이색은 포은 정몽주, 야은 길재와 함께 고려말 온건파 사대부로 불리며 성균관 대사성을 지낸 인물이다. 운곡은 두 살 많은 목은을 스승처럼 모셨고 목은도 운곡을 아꼈다. 목은은 충목왕 4년(1348) 원나라에서 국자감 생원이 되어 성리학을 연구했고, 귀국하여 예부시 제술과에서 1등, 전시(殿試, 예부시 합격자 33명이 임금 앞에서 보는 시험)에서 2등으로 합격한 수재였다.

신륵사에는 나옹선사 승탑과 승탑비가 나란히 서 있다. 목은 이색은 나옹선사를 기리며 '여흥군 신륵사 보제사리 석종기'로 시작하는 비문을 썼다. 비문에 운곡 원천석 이름이 들어있다. 나옹선사 스승은 지공대사, 제자는 무학대사다. 세 사람은 신륵사 조사전에 모셔져 있다.

우왕 14년(1388) 59세 운곡은 병이 들어 무진사(위치를 알 수 없음)로 거처를 옮겨 2월부터 5월까지 요양했다.

그해 12월 최영이 처형되었다는 소식을 듣고 '문도통사최공피형우탄(聞都統使崔公被刑寓歎)'을 지어 슬픔을 토로했다.

"맑은 거울 빛을 잃고 / 기둥과 주춧돌이 무너져 / 온 세상 백성과 만물이 슬퍼하네 / (……) / 홀로 산하를 바라보며 이 노래 부르니 / 흰 구름과 흐르는 물도 모두 슬퍼하네."

운곡은 슬펐지만 어쩔 도리가 없었다. 슬픈 일은 밀물처럼 들이닥쳤다. 이성계 일파는 폐가입진을 명분으로 우왕과 창왕을 폐위하고, 공양왕을 세웠다. 공양왕은 이성계 일파의 강요로 전왕(우왕과 창왕)을 유배 보내 죽였다. 우왕은 여흥(여주)을 거쳐 강릉으로, 창왕은 강화로 유배 보내 죽였다. 우왕은 스물다섯 살, 창왕은 열 살이었다.

우왕이 처형되는 장면이 이중환의 《택리지》 '팔도총론'에 나온다.

"우리 태조가 위화도에서 회군한 뒤 왕우(우왕)를 신돈의 자식이라 하여 폐위시켰다. 공양왕 왕요를 임금으로 세우고 사람을 시켜 왕우를 강릉에서 베어 죽였다. 왕우는 형을 당하게 되자 겨드랑이를 들어 보이며 '나를 신씨(신돈 자식)라고 하지만 왕씨는 용의 종내기(아들)이므로 겨드랑이 밑에 비늘이 있다. 너희들은 와서 보아라.' 하였다. 참관하던 자들이 가까이 가서 보니 과연 그 말과 같았다. 이상한 일이었다."

60세 운곡은 1389년 11월 '이달 15일에 나라에서 정창군(왕요, 공양왕)을 세워 왕위에 올리고 전왕 부자(우왕과 창왕)는 신돈의 자식이라 하여 폐위시켜 서인으로 삼았다는 말을 듣고'라는 시에서 이성계 일파에게 직격탄을 날렸다.

"전왕 부자가 각기 헤어져 / 만 리 동쪽(강릉)과 서쪽 끝(강화도)으로 갔네 / 몸 하나야 서인으로 만들 수 있지만 / 올바른 이름은 천고에 바꾸지 못하리라.

태조대왕(고려 왕건)의 믿음직한 맹세가 하늘에 감응했기에 / 그 끼친 은택이 수백 년을 흘러 전했네 / 어찌 참과 거짓을 일찍이 가리지 않았던가 / 저 푸른 하늘만은 거울처럼 밝게 비춰주리라."

이어서 '나라에서 명하여 전왕 부자에게 죽음을 내리다.'에서 은혜를 원수로 갚은 자는 죽어서도 원한을 씻기 어렵게 되었다고 격노하면서, 공양왕이 정치를 잘해서 산골 구석구석까지 임금 은혜가 미치게 해달라고 당부하고 있다.

"지위가 종정까지 오른 것도 임금의 은혜인데 / 도리어 원수가 되어 집안을 멸망시키네 / 나라에 큰 복을 내려야 마땅하건만 / 구원에서도 원한 씻기 어렵게 되었네 / 옛 풍속이 없어져도 때는 분명 다시 오는 법 / 새 법이 밝아져 도가 더욱 높아지리 / 오로지 대궐 향해 만세 부르니 / 두터운 은혜 산골까지 미치게 하소서."

앞의 시 세 수는 운곡의 시를 '역사'라고 부르게 된 대표시다. 만약 이 시가 이성계 일파에게 알려졌더라면 운곡은 멸문지화를 당했을 것이다. 다행히 드러나지 않아서 그냥 넘어갔지만 생각해 보면 아찔한 일이었다.

달도 차면 기우는 법. 운곡도 환갑이 되자 차츰 성정이 누그러지기 시작했다. 개결(介潔)하고 자존심 강한 운곡이 공양왕 2년(1390) 1월 국자감시 동기생 조박에게 편지를 보내 개경에 사는 아들과 조카 취업을 부탁했다.

"내 생애가 산만하고 들은 게 적어 / 곡구(谷口, 치악산 골짜기)에서 여러 해 동안 김을 매었네 / 홀로 섬포(蟾浦, 섬강) 달도 마주하다가 천 리 곡봉 구름도 바라보았네 / 소유(巢由, 중국 요나라 때 은자 소부와 허유)처럼 되기를 감히 기대하랴만 / 요순 같은 임금(이성계) 만난 것을 기뻐하였네 / 자제 몇 명이 문하에서 놀고 있으니 / 인술을 베풀어 부디 닭 떼에서 벗어나게 해주시게."

부모 마음이란 이런 것일까? 조박은 조선 개국 후 운곡이 스승처럼 모셨던 이색을 신씨(신돈) 조정 신하였다고 탄핵하여 파직시켰고, 당시 실세였던 세자 이방원에게 줄을 대어 정종 때 경상 감사를 지내기도 했다. 운곡의 청탁은 이뤄지지 않았다.

조선 개국 1년 전, 1391년 운곡은 차남 원형의 편지를 받고 "어버이가 늙고 집이 가난하면 벼슬하는 건 당연하다. 부디 충과 효에 힘써야 한다."고 당부했다. 운곡은 벼슬하지 못했지만 장남 원지(沚)는 정7품 직장 동정에 올랐고, 차남 원형은 기천(풍기)현감을 지냈다.

1392년 7월 7일 조선이 개국했다. 3년 후 피바람이 불었다. 전국에서 동시다발적으로 고려 왕씨 제거 작전이 벌어졌다.
태조 3년(1395)의 일이다.

4월 15일 "윤방경 등이 왕씨를 강화나루에 던졌다.", 4월 17일 "정남진 등이 삼척에 가서 공양군(공양왕)에게 태조의 전교를 전한 후 드디어 목 베어 죽이고 두 아들도 죽였다.", 4월 20일 "손흥종 등이 왕씨를 거제 바다에 던졌다.", 4월 26일 "고려왕조에서 왕씨로 사성(賜姓, 임금이 하사한 성)된 자에게는 본성(본래 성씨)으로 바꾸게 하고, 무릇 왕씨 성을 가진 자는 고려왕조의 후손이 아니더라도 어미 성을 따르게 했다.”

조선 개국에 모든 백성이 박수를 보낸 것은 아니다.
함석헌은 《뜻으로 본 한국역사》 211~212쪽에서 이렇게 말했다.

“이성계에 대한 전설이 여러 가지지만 우리는 그의 덕을 찬양한 것을 별로 듣지 못했다. 미리미리 꾀를 잘 써서 고려 왕씨를 모두 실어 물속에 넣어 죽였다는 이야기는 있으나, 두터운 덕이 있고 넓은 마음이 있었다는 소리는 들을 수 없다. 동명왕, 혁거세, 온조, 왕건까지도 관인대도(寬仁大度) 하였다는 말이 있는데, 이 태조에게서는 그것을 볼 수 없다. 최영이 인물이었던 까닭도 있겠지만 그가 죽으매, 촌 여자나 소먹이 아이들까지도 슬퍼하였다는 것을 보면 그때 민중이 태조의 반란에 대해 그리 찬성하지 않은 것을 알 수 있다. 개경 사람들은 만두에 넣는 돼지고기를 ‘성계육’이라 했고, 여인들은 도마에 고기를 올려놓고 난도질하며 ‘이놈 성계야!’라고 소리쳤다고 한다.”

시대는 변했고 모든 건 엎질러진 물이었다. 조선은 현실이었다. 운곡은 변했다. 조선 개국과 태조 이성계를 찬양했다.

“성스러운 임금께서 나라를 여니 / 이윤과 여상 같은 신하가 이웃해 있네 / 세상은 다시 복희, 헌원 씨 세상이 되었고 / 백성은 요순 백성이 되었네.”

이어서 명 황제에게 사신을 보내 국호를 조선과 화령(和寧, 이성계 고향)

가운데, 조선으로 받아온 것에 대해서도 "천자께서 동방을 소중히 여겨 조선이란 이름이 이치에 맞다."라며 칭찬했다.

1394년 65세 운곡은 '신국(新國)'에서 용비어천가의 정점을 찍었다.

"해동 천지에 큰 터전을 마련하고 강상을 정돈해 / 마침 때를 만났네 / 4대 왕손이 지금 태조이고 / 삼한국토가 고려 뒤를 이었네."

'불사이군', '절의의 은사'에 어울리지 않는 처신이었다. 운곡은 스스로 불사이군 하며 고려에 대한 절의를 지킨다는 말을 한 적이 없었다. 필자는 조선의 사림파 사대부가 정치적 목적을 위해 운곡을 이용하려 했던 게 아닌가 하는 의심을 지울 수 없다.

운곡의 시는 65세 때 끝난다. 운곡은 고려 말 조선 초 역사를 직필한 사서(史書) 6권과 시집 2권을 궤 속에 넣고 봉인한 다음 후손에게 전하면서 표지에 "후손 중 어진 사람이 아니면 열어보지 말라."고 썼다.

유언은 지켜지지 않았다. 증손 대에 사당에서 시제를 지내고 가족이 모여 조심스럽게 궤를 열었다. 책을 펼쳐본 자손들은 깜짝 놀랐다. 고려 말 역사를 사실 그대로 적어 놓았던 것이다. 자손들은 "가문이 멸족될 책이다. 이걸 본 이상 소문나지 않기는 어렵다."고 하면서 사서(史書) 6권은 불태워 버렸고 시집 2권만 남겨두었다고 한다.

운곡이 세상에 알려지게 된 것은 사후 200여 년이 지난 1596년 강원도 관찰사로 온 한강 정구(1543~1620)가 운곡 묘소를 찾으면서부터다.

정구는 《한강집》에서 "원공 이름은 천석이다. 태종 공정대왕이 평민이었을 때 함께 공부하였다. 후에 보위에 오르자 치악산에 은거했다. 태종이 그의 집에 거동하여 기다렸으나 천석은 피하고 만나지 않았다."라고 했다.

이때만 해도 정구는 운곡 이야기만 전해 들었지 시집은 손에 넣지 못한 듯하다. 운곡이 본격적으로 알려지게 된 것은 1603년 강원도 관찰사로 온 박동량(1569~1635)이 운곡 시집 2권을 읽게 되면서부터다.

박동량은 운곡 시가 비밀리에 읽혀지고 후세에 알려지지 못하는 게 안타까워, 시집 두 권을 한 권으로 만들고 연대순으로 편찬하여 '시사(詩史)'라고 명명했다. 박동량의 서문을 보자.

"일찍이 원주 사람 원천석이 고려 말에 숨어 살면서 책을 썼다. 우왕과 창왕 부자가 신돈의 자식이 아니라는 것을 자세하게 적었는데, 조선왕조가 들어서자 세상에 나오지 않고 일생을 마쳤다. 맑은 풍모와 높은 절개는 포은 정몽주, 야은 길재 등과 비교할 만하지만, 자손이 책을 숨긴지 오래되어 읽어 본 사람이 없고, 이름조차 사라져 후세에 전해지지 않았다고 들었다. 200년 뒤에 원주 고을에 관찰사로 왔다가 선생이 지은 운곡집을 얻어 읽어 보니, 기록한 게 많지는 않지만, 예전에 들었던 이야기와 다르고 특필할 만한 사실이 있었다.

아아! 우왕이 처음 왕위를 이어받을 때 최영, 목은 이색, 포은 정몽주 같은 몇몇 원로가 남아 있어서 우왕이 공민왕 아들이라서 즉위한다는 사실에 대해서 위아래 사람 모두 이의가 없었다. 목은 이색도 말하기를 '마땅히 전왕의 아들을 세워야 한다.'라고 했다. 그런데 창왕을 폐위할 때 이르러서야 '우왕 부자는 신돈의 자식이다.'라고 했다. 그렇게 하지 않고는 창왕을 폐위시킬 방법이 없었기 때문에 다만 이것을 구실로 삼았을 뿐이다……. 역사를 쓰는 무리도 일찍이 왕씨 국록을 먹은 자이건만 죽음으로 본분을 다하지 못하고, 도리어 우왕 부자를 신돈 자식이라고 덮어씌웠고, 그것도 모자라 공민왕이 병풍 뒤에서 홍륜 등의 외설스러운 짓을 보았다고 기록하기에 이르렀다. 지금도 역사를 읽는 자들은 침을 뱉으며 더럽게 여긴다……. 우왕이 공민왕 아들이라는 운곡의 한마디가 아니었으면 천백 년 뒤까지도 그릇된 기록을 답습하는 일이 그치지 않았을 것이다……. 목은과 포은 같은 분이 있었기에 천명과 인심이 떠난 뒤에도 고려왕조가 수십 년 유지될 수 있었다. 운곡처럼 재야에 숨어있는 분이 시를 읊고 회포를 서술하면서 사실에 근거하여 직필했다. 말씀 한마디, 글자 한 자가 충성스러운 울분에서 나온 것이다. 운곡의 글로 인하여 우왕과 창왕이 왕씨 부자로 정해졌을 뿐만 아니라, 《고려사》 가운데 어지러운 말과 망령된 글도 이로 말미암아 변증할 여지가 있게 되었다.

만약 당시 임금들이 일찍이 충과 사를 판단하여 처음부터 끝까지 국정을 위임하고 경륜을 펼치게 하였더라면 목은과 포은이 어찌 죽게 되었겠으며, 운곡이 지초(芝草)를 먹고 국화를 먹는 은자의 삶을 어찌 좋아서 선택하였겠는가? 슬픈 일이로다! 운곡 시 원고 2권은 스스로 쓴 것이다. 대부분 산 사람이나 승려들과 오가며 주고받은 것인데, 그 가운데 약간은 선생의 대절(大節)을 담은 글이다. 빨리 세상에 널리 펴내어 표식으로 삼아야 할 것이다. 곧 베껴서 한 책으로 만들고, 연대순으로 편집하여 제목을 '시사(詩史)'라고 하였다. 풍속을 살펴보려는 자가 보지 않으면 안 될 책이니, 붓을 잡는 자가 이 책에서 채집할 수 있도록 대비해둔다." (2017년, 원주시 간(刊), 《운곡 원천석》, 원주역

사박물관, 김성찬, '운곡시사' 발췌 번역, 102~104쪽 중에서)

박동량의 서문은 조선왕조 개국에 대한 부정이었고, 고려왕조를 지키려다 목숨을 잃은 충신에 대한 찬양이었다. 자칫 잘못했다간 멸문지화를 당할 수 있었다.

박동량은 흔들렸다. '운곡시사' 편집은 정치 도박이었다. 왜 그랬을까? 운곡이 세상을 떠난 지 200여 년이 지났다고 하지만 자칫 잘못하다간 동티가 날 수도 있었다. 박동량은 불안했고 후환이 두려웠다. 편집은 했지만 배포하지 못하고 초본 몇 권만 만들어 돌려보고 말았다.

게다가 박동량은 선조 최측근이었다. 임진왜란 때 병조좌랑으로 선조를 의주까지 수행하였고 2등 호성공신에 책봉되었다. 중국어에 능통해 임금이 명 관리나 장수를 만날 때마다 통역관으로 배석했고, 도승지와 경기관찰사, 호조판서를 지냈다. 선조가 죽기 전, 영창대군을 보호해 달라고 부탁한 유교칠신(遺敎七臣, 박동량, 한준겸, 유영경, 신흠, 서성, 한응인, 허성) 중의 한 사람이었다. 유교칠신은 왕실과 혼인 관계를 맺었던 신하들이다. 박동량의 장남은 선조 사위였다.

이후 손자 박세채도 박동량과 신흠 글을 넣어 '운곡시사'를 한 권으로 만들려고 했지만 "당시 역사가를 헐뜯고 개국 군신 지도를 훼방하는 것"이라며 주변에서 극구 뜯어말렸다고 한다. (2007년, 원주시, 〈운곡원천석 연구〉, 정호훈 '조선 후기 운곡시사 영향과 고려사 서술의 변화 : 제12회 운곡학회 학술대회, 전 상지영서대 교수 신경철, 〈원주의 얼과 인물연구〉, 23쪽 참조)

정구와 박동량은 왜 이런 시도를 했을까? 조선 개국부터 약 100여 년은 신숙주, 한명회, 권람 등 훈구파 세력이 권력을 장악했으나, 성종 때부터 향촌에 묻혀있던 사림을 불러내어 사헌부, 사간원, 홍문관 등 삼사 관리로 등용하기 시작했다. 사림파는 도덕 정치를 강조하면서 잠자고 있던 고려말 충신 정몽주를 불러냈다.

성종 8년(1477) 임사홍은 포은 정몽주 문묘에 배향하자고 주장했고, 중종 때 조광조는 스승 김굉필을 정몽주와 함께 문묘에 배향하자고 주장했다. 사림파는 훈구파를 비판하면서 정몽주, 길재, 김숙자, 조광조로 이어지는 학통을 성리학 계보로 삼았고, 임진왜란과 인조반정을 거치면서 정치 권력의 전면에 등장했다. 운곡도 포은, 야은 길재와 같은 반열이었다. 사림파에게 고려 충신은 정치적 스승이었다. 박동량과 정구는 사림파 후손이다. 두 사람의 글에 빠지지 않고 등장하는 인물은 포은 정몽주, 야은 길재, 목은 이색, 운곡 원천석이다.

사림파를 본격적으로 중앙무대로 불러낸 것은 선조였다. 사림파는 동인과 서인으로 갈라졌고, 정여립 모반사건(기축옥사)으로 동인 1,000여 명이 죽어 나갔으며, '건저의(왕세자 책봉)사건'으로 동인은 다시 남인과 북인으로 갈라졌다.

광해군 즉위와 함께 북인이 집권했으나, 북인은 영창대군과 인목대비 폐비를 둘러싸고 다시 대북과 소북으로 갈렸다. 인조반정으로 다시 서인이 집권하였고, 서인은 예송논쟁을 계기로 노론과 소론으로 갈라졌다.

17세기부터 조선왕조가 끝날 때까지 약간의 부침은 있었지만 정치 권력

물줄기는 사림파였던 노론이 주도했다.

다시 100여 년이 지났다.

정조 24년(1800) 운곡 13대손 원효달이 문중과 상의하여 "백이 노래도 주나라에서 피하지 않았거늘 선생의 시를 무엇 때문에 조선에서 피하는 가?"라고 하며 출간을 위하여 초계 정장, 금성 정범조에게 《운곡선생문집》 서문을 받았다. 그런데 무슨 이유인지 시도에 그치고 말았다.

철종 9년(1858) 운곡 16대손 원은이 용기를 냈다. 집안에 보관해오던 원본과 박동량이 정리한 원고를 바탕으로 시집을 재편집하여 활자본 《운곡행록》을 펴냈다. 원은이 쓴 발문을 요약한다.

"시에 역사라는 이름을 붙인 것은 시가 정직함을 뜻한다······. 운곡은 어지러운 세상을 만나 홀로 숨어 살면서 시와 문을 저술하였다. 문이 바로 시였는데 불타버리고 전하는 게 없다······. 오직 시집 두 권만이 500년 동안 문중에 전해온다······. 고려말 시사를 상고해보면 왕씨 부자의 원통함과 정비가 공양왕에게 명령한 사실이 기사년(1389)에 지은 두세 편 시에 실려있다. 사실에 바탕을 두고 솔직하게 쓴 것이 이때의 일이다······. 운곡이 시를 지은 연도는 신묘년(1351)에서 시작하여 갑술년(1394)에 마쳤으니 그 기간이 44년이다. 만 섬이나 되는 구슬 가운데 어찌 잃어버린 것이 없으랴. 석실에 간직하는 동안 종이가 문드러지고 벌레가 먹어 이따금 받들어 읽고 있노라면 나도 몰래 눈물이 흘러내렸다······. 운곡의 절개에 관해서는 박동량이 지은 책 서문에 자세히 기록되어 있으니 무슨 말을 덧붙이랴······. 원고는 모두 두 책이고, 두 책은 세 편인데 모두 1,144수다. 원고에 빠지고 등본에 있는 것도 이 숫자에 들어있다."

1603년 박동량의 '운곡시사' 편집 이후 운곡은 존경과 칭송의 대상이었다. 후손은 광해 4년(1612) 원주 호저면 산현리에 운곡서당을 세우고, 인조 2년(1624) 운곡서원을 세워 위패를 봉안했다. 인조 16년(1638) 3도 관찰사(강원, 평안, 경상)와 육조판서를 지냈고 청백리로 유명한 항재 정종영과 조선 역사를 실증적이며 고증학적인 방법으로 연구하여《동국지리지》를 펴낸 구암 한백겸(한준겸 친형)을 함께 배향했다. 정종영은 횡성 공근에, 한백겸은 부론면 노림리 섬강 건너편 여주시 강천면 부평리 가마섬에 잠들어 있다.

현종 14년(1673) 운곡서원을 '칠봉서원'으로 사액하고, 예조정랑 송정렴에게 축문과 토지, 서적, 노비를 보냈다.

현종은 사액제문에서 "헌묘(獻廟, 태종)께서 감반(甘盤, 은나라 고종의 스승으로서 후에 정승이 됨. 스승과 제자 관계)을 간절히 생각하여 이미 역마를 보냈고, 화란(和鑾, 임금 수레)을 굽혔다. 운곡은 뜻이 굳어 몸을 피했고 필부라도 뜻을 빼앗기 어려웠다. 헌묘는 예를 갖춰 자신을 낮추고 높은 절개를 이루게 하였다. 어지러운 세상을 만나 쌓은 경륜을 시험하지 못했으나, 잠시 국자진사가 된 것은 벼슬을 얻기 위해서가 아니었다. 그는 세상을 피해 살면서도 번민하지 않았으니 높이 숭상할 만하다. 소문이 두루 퍼지면 시대를 달리해도 사람 마음을 일으켜 세울 것이다. 예관을 보내 맑은 술잔을 올리며 몇 글자 빛나는 액으로 만고의 본보기를 삼노라."라고 했다.

이어서 춘추 제향 축문에서 "시사가 만고 강상이니 사문(斯文, 유교인) 제향이 영세토록 끝이 없다."라고 했다.

강원도에는 11개 서원이 있었다. 사액서원은 네 곳으로 강릉 송담서원, 춘천 문암서원, 원주 칠봉서원. 도천서원이다.

숙종 30년(1704) 칠봉서원에 생육신 관란 원호를 추가 배향하였다. 칠봉서원은 고종 8년(1871) 서원철폐령으로 없어졌으며 토지와 노비, 서책은 향교로 이관했다. 서원 앞에 있던 하마비는 땅속에 묻혔으나 찾아서 산현초등학교 교정에 두었다가 2022년 새로 지은 칠봉서원 앞으로 옮겼다. 칠봉서원이 있던 자리는 원주군 고모곡면이었으나 1895년 횡성군이 되었고, 횡성군은 1914년 고모곡면을 서원이 있던 곳이라 하여 서원면이라 개칭했다. 1983년 횡성군 서원면 산현리는 다시 원주시 호저면에 편입되었다.

호저면 산현리 칠봉서원

서원 앞 하마비(下馬碑)

　2008년 5월 26일 횡성군은 서원면 창촌리 매봉산 아래 '매봉서원'을 세우고 운곡 원천석, 항재 정종영, 구암 한백겸, 관란 원호 등 네 분을 모셨다.

　경북 청송군 파천면 사양서원은 운곡 스승 불훤재 신현과 아들 문헌공 신용희, 운곡 원천석을 모시고 있고, 경남 사천시 용현면 경백서원은 고려 개국공신 신숭겸, 목은 이색, 불훤재 신현, 운곡 원천석을 모시고 있다.

　태종 때 신하 권근이 죽은 정몽주의 복권과 관직 추증을 건의하자, 신현 후손이 "고려에 충절을 지킨 포은에게 이씨 왕조가 벼슬을 내린다는 것은 고인을 욕되게 하는 것"이라며 반대 상소를 올렸다. 태종은 크게 노하여 상소한 자의 무덤을 파헤쳐 시신을 조각내고 집을 파서 연못을 만들어버렸다.

운곡은 스승 신현의 후손 신영석과 신중석을 몰래 빼돌렸다. 신영석은 원주 이씨와 혼인시켜 대를 이었고, 신영석 아들은 경북 청송으로 내려가 집성촌을 이루었다. 신중석은 정선에 숨어 살던 고려 유신 두문동 7현에게 맡겨 키웠다. 평산 신씨 사람들은 이때의 고마움을 잊지 않고 운곡을 사양서원에 배향하여 기리고 있다. 전남 장성군 남면 삼태리 경현사에도 목은 이색, 포은 정몽주, 운곡 원천석 등 고려 충신 130명을 모시고 있다.

삼태리에 사당을 세운 이유는 만수산이 있기 때문이다. 경기도 개풍군 만수산과 광덕산 사이에 두문동이 있다. 만수산 두문동은 조선 개국에 반대한 고려 신하 72현이 벼슬을 버리고 숨어 살았던 곳이며, 동네 동서쪽에 문을 세워 걸어 잠그고 밖으로 나오지 않았다고 한다. '두문불출'이라는 말이 여기에서 나왔다.

운곡은 옛 왕조가 무너지고 새 왕조가 일어나는 소용돌이치는 격변기에 치악산에 은거하며 역사의 굴곡진 모습을 가감 없이 진솔한 문장으로 담아냈던 재야 시인이자 재야 사관이었다.

우왕과 창왕은 왕으로 인정받지 못했고 능도 없고 실록도 없다. 다만 《고려사》 '열전 반역자' 편에 치세에 관한 기록이 나올 뿐이다. 《고려사》 편찬은 조선 개국 3개월 후 1392년 10월 태조가 정도전과 정총에게 명하여 2년 3개월 후인 1395년 1월 25일 완성하였으나, 태종과 세종을 거치면서 계속 고쳐 썼고 1451년 8월 김종서와 정인지에 의해 기전체로 된 《고려사》 139권이 완성되었다.

《고려사》는 정도전, 하륜, 유관, 변계량 등 조선 개국세력이 승자의 시각으로 편찬한 관찬서다. 《고려사》에서 임금은 제32대 공민왕에서 끝난다.

운곡은 시문에서 조선 개국세력이 역성혁명의 대의명분으로 내세운 '폐가입진'이 엉터리이며 '우왕과 창왕은 왕씨의 자손'이라는 사실을 증언하고 있다.

현종 4년(1663) 4월 27일 기록이다.

"천석은 수고(手稿) 여섯 권을 남겼는데, 고려 말과 세상이 바뀔 때의 일을 자세하게 기록했다. 책을 풀로 붙이고 표지에 쓰기를 '어진 자손이 아니면 열어보지 말라.'고 하였는데 지금도 그 책이 남아 있으나 두 권은 분실하였다고 한다."

1420년 운곡의 증손 원경명이 불태워 버렸다고 했던 '수고'가 243년 후까지 남아 있었다니 놀라운 일이다.

'수고'를 10년째 찾아다니고 있는 사람이 있다. 원주 향토사학자 이동진이다. 그는 "금궤 속 비기(秘記)를 찾아서 공민왕 이후 고려 역사를 복원하는 데 힘을 보태겠다."고 했다.

'금궤 속 비기'가 모습을 드러낼 날은 언제쯤일까?

●
후기

운곡은 한 점 흠도 없는 완벽한 인간이 아니었다. 세상에 그런 사람은 없다. 운곡도 자식 걱정, 먹고사는 걱정 하며 아프게 살다간 보통사람이었다. 운곡을 만나기 위해 치악산 곳곳에 흩어져 있는 유적지를 답사했고 여러 문헌과 논문을 들여다보았다. 이 글은 2022년 여름 답사 현장에 함께 해준 원주시 비지정문화재 조사팀과 이인재 엮음 《지방지식인 원천석의 삶과 생각》에 실린 40여 명 논문 저자들의 노고에 크게 힘입었다.

🏷️1코스 꽃밭머리길

치악산 비로봉과 향로봉이 두 팔 벌려 포근하게 감싸고 있는 명당에 국형사와 관음사, 성문사 등 3대 종단 3개 사찰이 자리 잡고 있다. 맨발 걷기로 유명한 운곡솔바람숲길과 엿과 엿술로 유명한 황골을 지나 윗새두둑(상초구)에 이르는 스토리의 보고다.

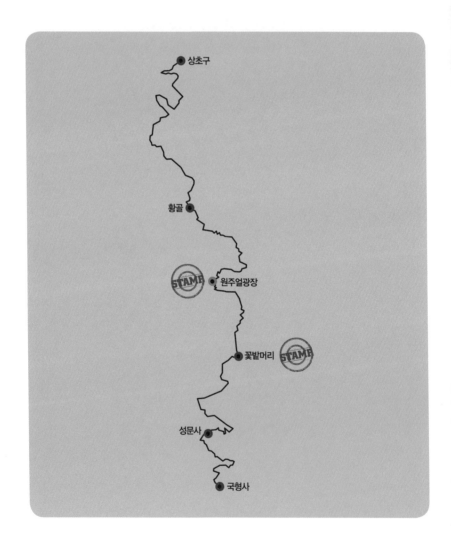

상초구 ~ 황골 ~ 꽃밭머리 ~ 성문사 ~ 국형사

황골엿과 저승사자

상초구, 하초구는 억새마을이다. 알기 쉽고, 쓰기 쉽고, 부르기 쉬운 우리 말을 놔두고 한자 지명을 쓰려니 갑갑하기 그지없다.

얼마 전 모 교수가 치악산 둘레길을 걷다가 전화를 했다. 그는 "서울에서 온 동료 교수가 상초구와 하초구가 무슨 뜻인지 묻길래 사방을 둘러봐도 안 내판도 없고 창피해서 전화를 걸었다."고 했다. 뒷맛이 씁쓸했다. 길만 있고 안내판 하나 없으니 이런 말이 나오는 것이다.

누가 길을 만들었든 이어받은 자가 스토리를 발굴하고 정리해서 역사의 옷을 입히면 되는 것 아닌가? 길 스토리는 소프트웨어다. 작은 안내판 하나가 명품 길을 만든다.

억새마을 돌담길에 모과가 주렁주렁 열렸다. 몇 개는 땅바닥에 떨어져 나뒹굴고 있다. 어물전 망신은 꼴뚜기가 시키고 과일전 망신은 모과가 시킨다

억새마을 돌담에 모과가 주렁주렁 열렸다.

고 하지만, 아무리 못생겨도 나름대로 역할이 있다.

남산당에서 펴낸 《방약합편》에는 "모과는 맛이 시다. 각기, 수종, 습비, 곽란, 전근, 무릎의 구급을 다스린다. 가지와 잎은 주로 곽란과 전근에 먹는다. 철을 피한다."고 했다. 곽란은 배가 아파 토하거나 설사하는 증세를 말하고, 전근(轉筋)은 쥐가 나서 근육이 뒤틀리는 증세다. 살아보니 겉모양보다 쓰임새가 더 중요하다. "부부는 정으로 사는 것이지, 인물 뜯어 먹고 사는 게 아니다."라고 했던 어머니 말씀이 떠오른다.

구상 시인 자전 시문집 《모과 옹두리에도 사연이》가 생각난다. '옹두리'는 병들거나 벌레 먹은 자리에 결이 맺혀 혹처럼 불룩해진 것이다. 구상은 한국전쟁 때 국방부 정훈국 종군기자로 활동했다. 삶과 죽음이 교차하는 전장 속에 펼쳐지는 인간군상 이야기와 살아오면서 겪었던 '응어리진 사연'을 모은 책이다.

"대전에서 정보부대 정치반원에 배속되어 공산당 총살장에 입회하고 돌아오다가 어느 구멍가게에서 소주를 마시는데, 집행리였던 김 하사의 술회다.

'해방 전 저는 일본 히로시마에서 살았는데 그때 어쩌다 행길에서 동포를 만나면 그렇게 반갑더니, 바로 그 동포를 제 손으로 글쎄, 쏴 죽이다니요……. 그것도 무더기로 말입니다……. 망할 놈의 주의(主義)……. 그 허깨비 같은 주의가 도대체 무엇이길래……. 그놈의 주의가 원숩니다.' 하고 그는 '으흐흐……' 흐느꼈다."

한국전쟁 발발 73년이 지났다. 김 하사도 가고 구상 시인도 갔지만, 허깨비 같은 이념과 주의(主義)는 아직도 나라 곳곳을 유령처럼 떠돌며 갈등과 분란을 일으키고 있다. 이념과 주의는 남북분단이라는 숙주에 기생하고 있는 '모과 옹두리'가 아닐까?

대왕고개길이다.

음기가 강하게 느껴진다. 나무 그늘에 앉아 고추를 다듬고 있는 할머니에게 물었다.

"할머니, 여기가 왜 대왕고개에요?"

"응, 옛날에는 골짜기에 당집이 많았는데 무당이 굿할 때 댕댕댕댕 하는 징 소리가 났다고 댕댕이골이라고 불렀어."

댕댕이골이 대왕골이 된 것이다.

황골이다.

원래 '큰골', '한골'이었다. '한'은 크다는 뜻이다. '한골'이 음이 변해 '황골'이 되었다. 《조선지지자료》와 《한국지명총람》은 '황곡(黃谷)'이라 하였지만 터 잡고 사는 마을 사람은 '큰골'이라 불렀다. 지금도 황골에는 순두부로 유명한 '큰골집'이 있다. 오랜 시간을 두고 입에서 입으로 전해지는 구전의 힘은 세다.

황골 삼거리다.

황골은 엿으로 유명하다. 땅콩엿, 갱엿, 생강엿, 근친엿, 조청이 있다. 다른 엿은 알겠는데 근친엿은 무슨 말인지 모르겠다. 곁에 있는 도반에게 물었더니 "시집, 장가갈 때 싸가지고 가는 엿"이라고 했다. 스토리가 궁금해서 다시 물었더니 퉁명스럽게 "모르겠다."고 했다. 속은 어떤지 몰라도 같은 말을 해도 친절하면 얼마나 좋을까?

소설가 김훈은 "친절한 사람이 되는 게 목표다. 죽은 뒤에 친절한 사람으로 기억되고 싶다."고 했다. 친절은 힘이 세다. 나그네 옷을 벗기는 건 세찬

'엿술'은 순수한 우리말이다. 투박한 글씨에서 넉넉한 인심이 느껴지지 않는가?

바람이 아니라 따사로운 햇살이다.

근친엿에는 스토리가 있다. 이 엿을 먹고 부부가 꼭 껴안고 자면, 저승사자가 잡으러 왔다가도 그냥 간다고 한다. 재미있는 스토리를 따라가 보자.

"옛날 황골에 마음씨 좋은 가난한 부부가 살고 있었다. 부부는 거지에게 점심을 나눠주고, 병든 노모를 돌보는 동네 사람에게 약값을 대주기도 했다. 이렇게 베풀다 보니 재산은 바닥났고, 천정에 비가 새어도 고칠 돈이 없었다.

어느 날 아침, 부인이 아침상을 차려왔다. 남편은 밥 한 그릇만 있는 걸 보고 물었다. '아니 당신 밥은 어디에 있소?' 부인은 '배가 고파서 부엌에서 먼저 먹었다.'라고 했다. 아무래도 이상하다 싶었던 남편은 부인이 잠깐 자리를 비웠을 때 쌀독을 들여다보았다. 순간 깜짝 놀랐다. 쌀독이 텅텅 비어 있었다. 부인은 남편을 위해 밥을 굶었던 것이다.

남편은 곧장 일거리를 찾으러 나갔다. 절 마당을 쓸어주고 주먹밥 두 개를 얻었다. 산 아래 집에서 장작을 패어주고 비단도 얻었다. 남편은 부인을 생각하며 고갯마루를 넘어 집으로 향했다. 그때 어디선가 구슬픈 울음소리가 들려왔다. 남편은 울음소리가 나는 곳으로 달려갔다. 꿩 한 마리가 바위틈에 끼어서 피를 흘리며 몸부림치고 있는 게 아닌가.

'저런! 배가 고파서 마을까지 내려 왔다가 변을 당했구나.'

남편은 바위를 들어 올리고 꿩을 꺼내 주었다. 꿩은 상처가 깊었고 몹시 지쳐 있었다. 남편은 장작을 패어주고 받은 비단을 찢어서 꿩 몸에 감아주고, 주먹밥도 먹여 주었다. 기운을 회복한 꿩은 남편을 향해 고개를 숙이고 공중을 한 바퀴 돈 다음 차츰 멀어

져갔다.

한편 부인은 이웃집에서 바느질감을 얻어 일해주고 얻은 옥수수와 쌀을 들고 집으로 돌아왔다. 부인은 피곤해서 깜박 잠이 들었다. 꿈속에서 산신령이 나타났다.

'너희 부부 행실에 감동했다. 네가 받은 쌀과 옥수수로 엿을 만들어 내일 밤 잠들기 전에 한쪽은 남편 몸에 붙이고, 한쪽은 네 몸에 붙이도록 하여라. 아침에 일어나자마자 남편에게 엿 한 개를 먹이도록 하여라.'

부인은 깜짝 놀라 꿈에서 깼다. 때마침 누군가 급하게 문을 두드렸다. 문을 열었더니 얼마 전 부부가 도와주었던 거지가 서 있었다. 거지는 남편을 업고 있었다. 거지가 말했다.

'어른께서 산에서 내려오다가 굴러떨어진 것 같습니다. 의원에게 보였더니 살아나기 어렵다고 해서……'

거지는 남편을 내려놓은 뒤 고개를 푹 숙이고 떠나갔다. 부인은 눈앞이 캄캄했다. 지극 정성으로 간호했지만, 남편은 의식을 회복하지 못했다. 그때 꿈속에서 들었던 산신령 말이 떠올랐다. 부인은 밤을 지새우며 남편을 간호했고 쌀과 옥수수로 엿을 만들어서 남편 몸과 자신의 몸에 엿을 붙였다.

피곤했던 부인은 깜박 잠이 들었다. 그때 방문이 열리는 소리와 함께 세 사람이 들어왔다. 부인이 소리를 듣고 눈을 떴다. 저승사자였다. 저승사자는 남편을 데려가려 했지만, 남편 몸에 붙인 엿이 부인 몸에 착 달라붙어 떨어지지 않았다. 저승사자가 고개를 갸우뚱거리며 말했다.

'거 참 이상하네. 아직 때가 아닌가?'

저승사자가 돌아가자 남편은 차츰 의식이 돌아오면서 눈을 떴다. 부인은 남편에게 달인 엿을 먹였다. 남편은 곧 활기를 되찾았고, 부부는 얼싸안고 엉엉 울었다. 소문이 마을에 퍼지자 부부의 행실에 감동하여 엿을 사려는 자들이 줄을 이었다.

이후 황골 부부처럼 떨어지지 않고 사이좋게 지내라는 뜻으로 혼인할 때 엿을 가져가게 되었고 '근친엿'이라 부르게 되었다고 한다."

황골엿에 저승사자도 물리치는 근친엿 스토리를 입혀보자. 신혼부부는 근친 엿을 사는 게 아니라 일심동체 스토리를 사는 것이다.

2016년 10월 일본 돗토리현에 규모 6.6 강진이 발생했을 때 지역 특산품인 배가 큰 피해를 보았다. 그때 나무에 붙어있던 배를 '지진에도 떨어지지 않는 배'라는 스토리를 만들어 비싼 값에 모두 팔 수 있었다고 한다. 생각의 각도를 조금만 바꾸면 결과가 크게 달라진다.

윗황골에 대왕재가 있다. 스승 운곡을 만나러 왔던 태종이 돌아가는 길에 쉬어갔던 곳이다. '태종대왕 주필비(太宗大王駐驛碑)'가 서 있다.

2022년 9월 22일 황골에서 만난 소초면 흥양3리 이장 심재원은 "대왕재는 도로가 나면서 없어졌지만, 어릴 때 노인들이 느티나무 밑에 모여앉아 장기를 두면서 태종이 스승 운곡을 만나러 왔다가 돌아가는 길에 쉬어갔던 곳이라고 하던 말이 생각난다."고 했다.

태종대왕 주필비를 세운 자가 누구일까?

2007년 5월 19일 소초면 흥양3리 운곡 후손 원응식 옹이다. 사비로 세웠다. 이런 일은 눈에 띄게 드러나는 일이 아니다 보니 관심이 적다.

스승 운곡을 찾아왔던 태종 이방원이 돌아갈 때 쉬어갔다는 고갯마루에 '태종대왕 주필비'가 서 있다.

한국관광개발연구원 임재민은 2022년 10월 27일 '원주 경제를 위한 관광 활성화 포럼'에서 "길을 만들고 3년이 지나면 찾아오는 사람이 줄어든다. 여행 콘텐츠를 발굴하고 스토리를 담아서 알려야 하며 다녀온 이야기를 공유할 수 있는 디지털 공간도 마련해야 한다."고 했다.

구슬이 서 말이라도 꿰어야 보배다. 태종이 지나간 길에 역사의 옷을 입혀보자.

운곡 묘소를 지나 산허리를 돌아드니 꽃밭머리다.

치악산을 등 뒤에 두고 멀리 시내를 바라보니 조망이 시원하다. 치악산 둘레길에는 조계종 국형사와 태고종 관음사가 있고 천태종 성문사도 있다. 조계종, 태고종, 천태종은 한국불교의 3대 종단이다. 무슨 차이가 있는지 알아보자.

유홍준의 《나의 문화유산 답사기》 6권과 《산사 순례》, 2021년 원주얼교육관 '길 위의 인문학' 문화관광해설사 목익상 강의자료 등을 참고하였다.

불교에는 조계종, 태고종, 천태종 등 30여 개 종단이 있다. 조계종과 천태종 스님은 독신이고 삭발도 자유다. 태고종은 대처승이지만 독신도 있다. 사찰 개인소유를 인정하며, 출가하지 않아도 절을 운영할 수 있다. 종단 본부는 조계종은 서울 조계사, 천태종은 단양 구인사, 태고종은 순천 선암사다.

종단의 차이는 무엇일까? 기준은 세 가지다. 첫째, 소의경전(所衣經典, 종단에서 근본으로 삼는 불경)과 둘째, 법맥, 셋째, 종조(宗祖)다.

조계종은 금강경과 전등 법어(스님이 깨치고 설법한 법어집)를 근본으로 삼는다. 여시아문(如是我聞, 나는 이렇게 들었다)으로 시작되는 5,149자 금강경은 '지혜의 숲'으로 불린다. 조계종은 신라 도의국사를 종조(종단을 처음 일으켜 세운 고승)로 모시고, 고려 보조국사 지눌을 중천조(종단의 종지를 분명하게 밝힌 스님), 태고 보우국사를 중흥조(종단을 다시 일으켜 세운 스님)로 받든다.

태고종은 화엄경을 소의경전으로 삼고 태고 보우국사를 종조로 받든다. 천태종은 '법화경'을 소의경전으로 삼고 대각국사 의천을 종조로 받든다.

종단 역사를 알아보자. 통일신라는 원래 교종 5교였다. 신라하대 당에서 유학하고 돌아온 도의선사가 '자심즉불(누구나 부처가 될 수 있다)'을 외치며 '왕즉불(왕이 곧 부처다)' 교종에 브레이크를 걸었다. 호족과 백성은 환영했으나, 왕실과 교종은 격하게 반발했다. 도의선사는 기득권 세력에게 이단아요, 걸림돌이었다. 목숨의 위협을 느낀 도의선사는 서라벌을 떠나 강원도 깊은 골짜기 설악산(양양군 강현면) 진전사로 숨어들었다(필자는 2022년 늦가을 홀로 폐사지 현장을 찾은 바 있다).

양양 진전사는 도의선사가 선종 씨앗을 뿌린 곳이다. 선종은 2대 염거화상(원주 흥법사 터에서 승탑과 승탑비 발굴)에 이어 3대 체징 때 장흥 가지

양양 진전사 터 삼층석탑

양양 진전사 터 도의선사 승탑(팔각 원당형 원조)

산에 보림사를 세우고 구산선문의 첫 문을 열어젖혔다. 가지산파를 신호탄으로 전국 아홉 곳에서 차례차례 산문을 열게 되니 바로 '구산선문(九山禪門)'이다. 이때부터 신라하대 불교는 5교 9산(교종 5개, 선종 9개)이 되었다.

고려 개국 이후에도 교종과 선종은 계속 대립했다. 대각국사 의천(1055~1101)이 천태종으로 통합을 시도했으나 실패하고 종파만 하나 추가하고 말았다. 혹 떼려다 혹 붙이고 만 것이다.

12세기 보조국사 지눌(1158~1210)이 순천 송광산 길상사에서 다시 통합에 나섰다. 희종은 크게 반기며 송광산을 조계산으로 이름을 바꾸고, 길상사에 '수선사(修禪寺, 현 송광사)'라는 이름을 지어주는 등 지원을 아끼지 않았으나 역시 실패하고 말았다. 기회는 삼 세 번이라고 마지막으로 고려말 고승 태고 보우(1301~1382)가 원나라에서 임제종을 들여와 5교 9산을 단일종단으로 통합하려 했다. 종단은 여전히 통합되지 않았으나 이때부터 고려 불교는 임제종을 법맥으로 태고 보우를 종조로 받아들였다. 조선시대는 숭유억불 정책으로 불교와 승려의 위상이 급격히 쪼그라들었다. 불교는 선종과 교종 양종 체제로 명맥만 유지하다가 임진왜란 이후 무종 무파가 되었다.

일제는 1908년 한 · 일 불교 통합을 시도했다. 원종(圓宗)을 발족하고 종무원을 두면서 이회광을 대종정으로 추대했다. 반발한 영 · 호남 승려들은 1911년 송광사에 모여 임제종을 세울 것을 결의하고 선암사 경운 스님을 종정으로 모셨다.

경운 스님은 나이가 많아서 범어사 청년 승려 한용운이 종정 대리를 맡았다. 한용운은 임제종을 '조선불교 조계종'으로 이름을 바꾸고 한국불교 법통을 고수했다.

일제는 사찰령을 내려 교종과 선종 양종 30본산 체제로 정리하였다. 해방이 되자 불교 지도부는 1945년 9월 서울 조계사에서 '조선불교 전국승려 대표자회의'를 개최하여 교헌을 제정하고 중앙총무원을 설립했다.

1954년 이승만 대통령은 불교계 정화를 위해 일곱 차례나 유시를 내려, "절집은 청정도량이 되어야 한다."며 "비구승만 남고 대처승은 사찰을 떠나라."고 했다.

정치가 종교에 개입하자 문제가 더 커졌다. 조계종과 태고종 분규가 일어났다. 순천 선암사에서는 대처승이 쫓겨나고 비구승이 들어왔다. 대처승은 절 진입을 시도하며 몇 해에 걸쳐 비구승과 싸웠다. 어떤 때는 각목 대결이 벌어지기도 했다.

1962년 비구승과 대처승은 불교 재건 비상총회를 열어 통합을 시도했으나 실패하고 말았다.

1962년 4월 자정(自淨)과 쇄신을 내세운 비구승은 '조선불교 조계종'을 '한국불교 조계종'으로 바꾸고 단독 발족했다. 조계종은 새 종헌을 채택한 후 종조를 태고 보우에서 보조국사 지눌로 바꾸었다. 대처승은 1970년 태고 보우를 종조로 받들고 '한국불교 태고종'을 발족했다. 집안끼리 갈라져 싸우다가 딴 살림을 차린 것이다. 조계종 내부에서 종조 문제가 대두되었다. 젊은 스님들은 보조국사 지눌을 종조로 모셨지만, 나이든 스님들은 종조를 바꿀 수 없다며 태고 보우를 종조로 모셨다. 스님 세계에서 종조는 호적과 같아서 법맥은 바꿀 수 없는 것이었다.

조계종 종정 성철 스님도 열반하기 전 어느 제자가 "우리 종조는 누구입니까?"라고 묻자, "두말할 것도 없이 '태고스님'이다."라고 했다.

조계종은 1994년 9월 29일 종헌을 개정 공포하면서 제1조 '조계종은 도의국사가 창수한 가지산문에서 기원하여, 고려 보조국사 지눌의 중천을 거쳐, 태고 보우국사의 제종포섭으로 조계종이라 공칭하여 이후 그 종맥이 면면부절한 것이다.'라고 했다. 이것으로 종조를 둘러싼 불교계의 갈등은 일

단락되었다.

관음사다.

절집 샘터에서 찬물 한 바가지 들이켜자 한숨이 터진다. 걷기는 멈춤과 나아가기의 반복이다. 관음사는 태고종 절이다. 1971년 송원명 스님이 창건했다. 관세음보살의 자비 원력과 지장보살의 지옥 중생 구제를 목표로 하고 있다. 2004년 정오 스님이 통일 염원 백팔 큰 염주를 봉안하여 남북한 평화통일과 동북아 평화를 기원하고 있다.

관음사를 돌아보려면 범종, 삼성각. 명부전, 관음전, 대웅전, 미륵불 순이 좋다. 삼성각은 치성광여래와 칠성여래를 모신 칠성각, 나반존자를 모신 독성각, 산신을 모신 산신각을 하나로 모은 곳이다. 치성광여래는 북극성, 칠성여래는 북두칠성이 부처로 변해 사는 집이다. 나반존자는 석가모니불한테 장차 부처가 되리라는 수기를 받고 남인도 천태산에서 홀로 수행하는 인도 성인이다.

명부전(지장전, 시왕전)은 죽은 자가 가는 곳이다. 망자가 살아 있을 때 지은 업을 조사하는 열 명 대왕이 있는 곳이라고 시왕전, 지장보살이 있는 곳이라고 지장전이라고 한다. 49재와 100일재를 지내는 곳이다. 명부전 총지휘관은 지장보살이다. 지옥에 중생이 한 명도 없을 때까지 부처가 되는 것을 미룬 자비심 넘치는 보살이다. 머리에 초록 띠를 두르고 고리 여섯 개가 달린 '육환장'을 들고 있다. 망자는 살아 있을 때 지은 업(업을 비추는 거울 업경대. 지옥 CCTV)에 따라 여섯 군데를 떠돌게 되는데 '육도윤회'라고 한다. 지팡이 끝에 달린 여섯 고리는 육도윤회를 상징하며 지옥의 두꺼운 문은 육환장으로 두드려야 열린다고 한다.

지장보살은 보좌관이 두 명 있다. 왼쪽은 도명존자, 오른쪽은 무독귀왕이다. 도명존자는 명부에 잘못 기재하여 지옥에 다녀온 경험이 있어서 특별 채용되었다. 무독귀왕은 사는 곳이 지옥이므로 지옥 상황을 파악할 수 있는 적임자로 인정되어 특별 채용되었다. 시왕(十王)은 수사 검사다. 1번부터 10번까지 명찰을 달고 있다. 지장보살 오른쪽은 1. 3. 5. 7. 9, 왼쪽은 2. 4. 6. 8. 10이다. 염라대왕은 5번이다. 망자는 죽은 지 49일 되는 날까지 1번 진광대왕부터 7번 태산대왕까지 각각 일주일씩 조사를 받는다. 100일째 되는 날은 8번 평등대왕에게, 1년 되는 날은 9번 도시대왕에게, 3년 되는 날은 마지막 10번 전륜대왕에게 조사를 받고, 살아 있을 때 지은 업에 따라 육도윤회에 들어가게 된다. 49재와 100일재는 망자를 잘 봐달라고 대왕에게 특별히 부탁하는 제사다.

명부전에는 판관과 저승사자가 있다. 판관은 명령(명부에 기재된 체포영장)을 전하는 자로서 직부사자(直符使子)라고 한다. 머리에 익선관처럼 생긴 모자를 썼고, 목에는 천을 둘렀으며, 손에는 중생의 죄를 기록한 두루마리를 들고 있다. 시왕은 판관이 바친 두루마리를 보고 조사를 한다. 저승사자는 시왕의 명령을 받고 이승으로 내려와 망자를 데리고 오는 집행관이다. 명부전으로 널리 알려진 절은 여주 신륵사, 여수 흥국사, 가평 현등사다.

관음전은 관세음보살이 사는 곳이다. 지장전은 망자를 위한 곳이고, 관음전은 살아 있는 중생을 위한 곳이다. 관음전은 중생의 고통을 원만하게 해결해 준다고 '원통전', '원통보전'이라고 한다. 관세음보살은 아미타 부처의 왼쪽 보좌관이다. 아미타 부처가 사는 극락전이나 무량수전에 가도 관세음보살을 만날 수 있다. 관세음보살 4대 기도 도량으로 강화도 보문사, 양양 낙산사, 남해 보리암, 여수 향일암이 유명하다. 공통점은 모두 바닷가에 있다는 점이다. 관세음보살이 남해 바다 한가운데 있는 보타락가산에 살고 있다는 화엄경 내용 때문이다. '나무아미타불 관세음보살'은 아미타 부처와 관세음보살에게 귀의한다는 뜻이다.

관음사 부처는 미륵불이다. 손 모양은 시무외인 여원인이다. '아무 걱정하지 마라. 원하는 대로 될 것이다.'라는 뜻이다.

대웅전 앞에서 해태가 남쪽을 바라보고 있다. 오행에서 남쪽은 불을 상징하며 해태는 불을 먹고 사는 동물이다. 대웅전 처마에는 물을 잘 다루는 용두 마리가 앉아 있다. 건물 화재를 막기 위한 불교식 안전장치다.

관음사를 나와서 세명선원을 돌아드니 1970년 6월 문을 연 천태종 성문사다.

천태종은 중국 '천태지자대사'가 개창했다. 천태(天台)는 지자대사 법호다. 38세에 천태산에 들어가 수선사를 세웠고 입적하자 진왕이 천태산에 국청사를 세웠다. 수선사는 천태종 본산이 되었고, 국청사는 근본 도량이 되었다. 천태사상 핵심은 원융(圓融)이다. 원융은 모든 게 하나이며 하나임을 깨우치는 것이다. 원융사상을 바탕으로 모든 갈등과 분열을 끝내자는 뜻이 담겨 있다.

우리나라 천태종 개창자는 대각국사 의천이며 석가모니 부처 40년 설법을 모은 법화경(묘법연화경)을 소의경전으로 삼고 있다.

민희식은 《법화경과 신약성서》에서 "예수와 부처가 닮은 것처럼 법화경과 신약성서 가르침도 닮아있다."라고 했다.

의천은 불교 교리체계인 교를 중시했던 화엄종과 법상종, 실천수행법인 지관(止觀)을 중시했던 선종을 교관겸수(敎觀兼修)를 통해 통합하고자 했으나 실패하고 말았다. 만나기만 하면 서로 으르렁거리는 여야 세력을 제3당 창당으로 통합하려 했던 셈이다.

대각국사 의천은 1055년 고려 제11대 문종과 인예왕후 이씨 사이에서 넷째 아들로 태어났다. 11세 때 개경 영통사 경덕국사 난원한테 출가했다. 왕자 출신으로 금수저를 물고 태어나 승려 과거시험인 승과를 거치지 않고 승통(교종 최고 품계로서 왕사. 국사가 될 자격이 주어짐)이 된 행운아였다. 31세 때(1085) 송나라에 유학하여 천태지자 대사의 서원에 감동받고, 이듬해 불교 서적 3천여 권을 가지고 돌아왔다. 개경 흥왕사 주지로 있으면서 고려, 송, 요, 일본 대장경(경, 율, 론으로 이루어진 불교 경전) 주석서를 모아 교장을 편찬하였고, 교장목록인 《신편제종교장총록(新編諸宗教藏總錄)》을 펴냈다. 교장도감을 설치하고 교장목록에 따라 10여 년간 4,700여 권에 이르는 속장경을 간행했다. 교장 판목은 개경 흥왕사에 보관되어 있었으나 대몽항쟁기 때 소실되었다.

의천은 45세(1099) 때 천태종을 열었다. 천태사상을 바탕으로 천태 교학을 강의했는데, 설법 때마다 모여드는 신도가 천여 명에 이르렀다고 한다. 의천은 "교를 배우는 자와 선을 닦는 자는 한곳에 치우쳐 집착할 뿐이므로 정과 혜를 완전하게 해야 한다."고 했다. 의천은 47세 때 국사가 되었으나 그해 10월 입적하고 말았다.

24년 후 인종 3년(1125) 황해북도 개풍군 영통사에 대각국사 탑비가 세워졌다. 비문은 당대 문장가 김부식이 지었다.

김부식은 "불교를 배우는 갈래로 계율종, 법상종, 열반종, 법성종, 원융종, 선적종이 있었으나, 의천은 6개 종을 모두 공부하여 최고경지에 이르렀다."고 했다.

천태종과 대각국사, 고려왕과 원주 법천사 터 지광국사 이야기는 뒷면에 따로 실었다(재미있고 유익한 내 고장 불교 이야기).

천태종은 의천 입적(1101) 후 긴 수면기에 들어갔다. 천태종을 다시 일으켜 세운 자는 상월 원각 대조사다. 상월은 법명, 원각은 사후 법호다. 상월은 1911년 삼척시 노곡면 봉촌에서 밀양 박씨 밀성대군(신라 54대 경명왕 큰아들로서 신라가 망하자 밀양에 숨어 살았다) 후예로 태어났다. 15세 때 출가하여 소백산에서 관세음보살을 친견하고 구인사를 세웠으며 애국불교, 생활불교, 대중불교를 모토로 불교 대중화와 생활화에 힘썼다.

천태종 2대 종정 남대충은 1970년 6월 5일 "치악산 향로봉 아래 사람 人

(인) 자 세 개가 이어 내려온 '설당밭골'에 성문사를 세웠다. 대불보전에는 석가모니불과 관세음보살 대세지보살이 모셔져 있다.

종무소 여신도가 손수 타 주는 둥굴레 차를 마시고 성문사를 나와 흙길을 천천히 오르니 국형사다.

연어가 알을 낳기 위해 바다와 강을 거슬러 올라 고향을 찾아오듯 다시 환지본처다. 숲속에 국형사 동악단이 봉긋하다.

후기

조계종, 태고종, 천태종은 한국 불교 3대 종단이다. 물줄기를 거슬러 오르자 발원지가 나타났다. 관음사에서는 태고종과 보우를 생각했고 성문사에서는 천태종과 대각국사 의천을 떠올렸다. 관음전에서는 산자의 소원을 들어주는 관세음보살을 떠올렸고, 지장전에서는 육도윤회와 망자의 극락왕생을 도와주는 지장보살을 떠올렸다. 절과 불교는 한국인과 떼려야 뗄 수 없는 관계다. 내 고장 절과 불교 이야기가 향토사와 한국사를 이해하는 데 한 바가지 마중물 역할을 할 수 있었으면 좋겠다.

천태종과 대각국사,
고려왕과 원주 법천사 터 지광국사

천태종과 대각국사 이야기는 정병삼의 《한국불교사》, 《고려시대사》 2권을 참고하였고, 고려왕과 지광국사 이야기는 〈원주투데이〉에 연재되었던 박종수의 '해린 스님과 지광국사탑 이야기'를 인용하였다. 지루하고 딱딱한 듯 보이지만 찬찬히 읽어 보면 내 고장 불교 역사를 이해하는 데 도움이 되리라 믿는다.

천태종을 알려면 먼저 시대 배경을 알아야 한다. 고려 임금 계보는 제1대 태조, 혜종, 정종, 광종, 경종, 성종, 목종, **현종**, 덕종, 정종, 제11대 문종, 순종, 선종, 헌종, 숙종, 예종, 제17대 인종, 34대 공양왕으로 이어진다. 제8대 현종은 승려였고, 뒤를 이은 덕종, 정종, 문종은 모두 현종의 아들이다. 제12대 순종, 제13대 선종, 제15대 숙종, 대각국사 의천은 모두 제11대 문종과 인예왕후(이자연 첫째 딸) 사이에서 태어났다. 이자연의 둘째 딸과 셋째 딸도 문종의 제3비(인경현비)와 제4비(인절현비)가 되었다. 이자연의 친손자가 유명한 이자겸이다. 이자겸 둘째 딸도 인종비가 되었다. 인주 이씨 가문은 제11대 문종부터 제17대 인종에 이르기까지 100여 년간 고려 최대 권문세가로 이름을 떨친 문벌귀족이었다. 왕의 외척이 되어 정치 권력을 장악하고 권세를 누렸던 것이다,

제8대 현종의 탄생과 성장 스토리는 드라마틱하다. 현종은 사생아(혼외자)로 태어났다. 제5대 경종이 죽자 셋째 왕비 헌정왕후는 사가에 나가 살다가 시동생 왕욱(태조 왕건의 여덟째 아들)과 사랑에 빠져 아들 순(현종)을 낳고 죽었다. 제6대 임금 성종은 왕욱을 경남 사천으로 유배 보냈다. 왕욱 아들 순은 보모 손에 맡겨졌고, 순은 성종을 아버지라 부르며 몹시 따랐다. 성종은 어린 순이 불쌍했다. 고심 끝에 아버지 왕욱이 있는 사천으로 보냈지만 함께 살 수 없었다. 아들은 사천군 장동면 장산리 고자실 배방사에 있었고, 아버지는 사남면에 있었다. 아버지 왕욱은 아침이면 아들 순이 있는 배방사까지 찾아와서 함께 있다가 저녁이면 돌아가곤 했다. 아버지는 돌아가면서 고갯마루에서 아들이 있는 마을을 바라보며 눈물을 흘렸다. 아버지가 죽자 마을 사람들은 아버지와 아들의 애틋한 사연이 남아 있는 고갯마루를 '아버지가 아들이 있는 곳을 돌아본다.'는 뜻에서 고자치(顧子峙)라 불렀고 마을 이름도 '고자실'이라 불렀다.

순(현종)을 아껴주던 성종이 죽고 제7대 임금 목종이 즉위했다. 목종의 어머니 천추태후(순의 이모)는 냉혹했다. 천추태후는 순을 강제로 삭발시켜 승교사로 출가시킨 후 몇 번이나 암살하려 했으나 하늘이 도왔는지 실패하고 말았다. 가까스로 살아남은 순은 삼각산 암자에 숨어 숨죽이며 살았다. 목종이 죽고 순이 왕위에 오르니 제8대 현종이다. 현종은 부모 명복을 빌기 위해 개경에 현화사(1018)를 세우고 법상종 승려 법경을 주지로 임명했다.

몇 번이나 죽을 뻔했던 순간에 목숨을 구해준 삼각산 암자가 법상종 사찰이었기 때문이다. 현종이 법상종을 가까이하자, 눈치를 살피던 문벌귀족 인주 이씨는 법상종을 후원했다. 그들은 살아남기 위하여 원당을 세우고 토지를 기부하였으며 아들에게 출가를 권했다. 당시는 승과에 합격하여 승통이나 대선사가 되는 게 관리로 출세하는 것 못지않게 가문의 영광이었다. 현종이 죽고 제9대 덕종, 10대 정종에 이어 제11대 문종이 왕위에 올랐다.

문종은 문벌귀족 자녀의 무분별한 출가를 막기 위해 특별 지시를 내려 아들이 있는 귀족은 3명 중 한 명에게만 출가를 허락했다. 인주 이씨 이자연 아들 소현(1038~1096, 문종 처남이며 부론 법천사 출신 해린 스님의 제자다. 해린 입적 후 지광국사 탑과 탑비 제작을 주도했다)은 개경 현화사 주지가 되어 교종 법상종을 이끌었다. 이자연은 또 다른 아들 의장과 손자 세량도 법상종으로 출가시켜 불교 교단을 장악했고, 딸 세 명도 모두 문종과 혼인시켜 정치 권력까지 장악했다. 지나침은 모자람만 못하다. 문종은 호락호락한 인물이 아니었다. 문종은 문벌귀족과 법상종을 견제하기 위해 화엄종을 지원했다. 겉으로는 화엄종 대 법상종, 문종 아들 의천과 이자연 아들 소현의 싸움이지만, 속을 들여다보면 왕권과 문벌귀족의 싸움이었다. 화엄종 스타 대각국사 의천은 송나라 유학을 다녀온 후 종단 통합에 팔을 걷어붙였다. 문종이 죽고 제12대 순종과 제13대 선종에 이어 제15대 숙종이 왕위에 올랐다.

의천은 숙종 2년(1097) 모친 인예왕후 원당인 국청사를 세우고 2년 후

천태종을 열었다. 천태종 개창은 제3의 신당 창당이었다. 간판은 천태종이었지만 교종 화엄종 중심으로 교종과 선종을 통합하려 했다. 당을 창당하려면 당원이 필요하듯이 천태종은 개창 승려가 필요했다. 의천은 왕실 지원을 받아 법상종과 선종 계열 사찰에서 승려 1,300여 명을 데려왔다. 말이 데려온 것이지 반강제적으로 빼내온 것이었다. 핵심 승려 300여 명은 선종에서 데려왔고 나머지 1,000여 명은 원주 거돈사, 여주 고달사 등 법안종(고려 초기 중국 오월에서 들여옴) 사찰에서 데려왔다. 의천은 광종 때 당시 법안종 사찰이었던 원주 거돈사(이후 의천의 권유로 법안종에서 천태종으로 바뀜)를 찾아가 원공국사 탑에 제를 지내며 교분을 쌓기도 했다.

교종 법안종과 선종은 충격에 빠졌다. 의천은 문종 아들이었고 왕실 권력을 등에 업은 스타였다. 천태종 개창은 흩어진 불교종단을 통합하여 왕권 밑으로 끌어들이려는 포석이었다. 처음에는 눈치를 보며 끌려가는 척했던 법상종과 선종은 의천이 입적하자 제자리로 돌아가고 말았다. 의천은 왕실과 문벌에 집중했고 민생에는 관심이 적었다. 의천의 한계였다. 천태종 개창으로 불교는 화엄, 법상, 천태, 선종 4개 종단이 되었고, 문벌귀족과 결탁했던 종단은 무신의 난이 일어나면서 타격을 받고 숨고르기에 들어가게 되었다. (《정병삼《한국불교사》,《고려시대사》2권 등 참조)

법상종 하면 남한강 폐사지로 유명한 원주 부론 법천사가 떠오른다. 법상종은 고려 제8대 임금 현종 때 왕실 특별 지원을 받던 종단이었다. 법천사(옛 이름 법고사) 터는 지광국사 탑과 탑비로 유명하다. 주인공은 해린

부론 법천사 터. 5만 5천 평이라고 하니 위세를 짐작할 수 있지 않은가?

(海鱗, 984~1070, 원주 원씨, 속명 수몽, 법호 지광)이다. 열다섯 살 때 원주를 떠나 개경 해안사 준광(俊光)한테 머리를 깎고 출가했다. 스물한 살 때 개경 송악산 왕륜사에서 열렸던 교종 승과에 합격했다. 승과는 교종과 선종으로 나뉘었고 시험과목과 장소도 달랐다. 시험방법은 경전을 해설하고 응시자가 모여 토론하는 방식이었다.

지광국사 탑비

지광국사 탑비 뒷면에 당시 모습

이 글로 새겨져 있다.

해린이 말할 때 "법상에 앉아 불자를 잡고 좌우로 한 번 휘두르니 가히 청중이 모여 앉은 걸상이 부러지는 것과 같았다."라고 했다.

교종 시험장에서 해린의 탁월한 설법능력을 알아본 현종은 입이 딱 벌어졌다. 현종은 해린을 그 자리에서 발탁하여 대덕 품계와 '강진홍도(講眞弘道)'라는 법호를 내려주었다.

고려시대 출가한 자는 나라에서 지정한 관단사원에서 구족계(비구와 비구니가 받는 계율로서 계를 받으면 승려 자격이 주어진다)를 받고 학업과 수행을 거쳐 15~20세 전후 승과에 응시했다. 승과에 합격하면 교종 선종 공통으로 대덕 품계가 주어졌고, 대사, 중대사, 삼중대사 순으로 올라갔다. 교종(화엄종, 법상종 등)은 삼중대사에 이어 수좌, 승통으로, 선종은 선사, 대선사로 올라갔다. 교종과 선종 최고 품계인 승통과 대선사는 고위 관료 대우를 받았고 왕사와 국사가 될 수 있는 자격이 주어졌다.

현종 눈에 든 해린은 그때부터 거침없이 출세 가도를 달렸다. 27세(1010) 때 잠시 원주로 금의환향하였으나, 현종은 해린을 곁에 두고 싶어 다시 개경으로 불렀다. 31세(1014) 때 대덕에서 대사로 품계를 올려주었고 33세 때 '명료돈오(明了頓悟)'라는 두 번째 법호를 내려주었다. 38세 때 대사에서 중대사가 되었고, 세 번째 법호인 '계정고묘응각(戒正高妙應覺)'을 내려주었다. 38세 되던 1021년 여름 개경 중흥사에서 열린 불경 강의 법회에는 특별 강사로 초청되었다.

"스님은 아무렇게나 말을 해도 훌륭한 문장을 이루어 혜거(중국 북송 때 승려)의 문장력도 혼비백산하였고, 문장을 나누면 음운에 척척 맞아 담빙(음악 천재 승려)의 실력도 미치지 못할 정도였다."

현종은 해린을 계속 곁에 두고 싶었으나 큰 스님이 되려면 현장 경험이 필요했다. 해린은 평창 진부 수항리에 있는 수다사 주지가 되어 강원도로 내려왔다. 해린을 아껴주었던 현종이 죽었지만, 뒤를 이은 제9대 덕종도 재위 3년 동안 해린을 중대사에서 삼중대사를 거쳐 수좌로 품계를 두 단계나 올려주었다. 덕종에 이어 즉위한 제10대 임금 정종도 해린을 궁궐로 초청하여 묘법연화경을 설법하게 하고 62세 때 수좌에서 승통으로 품계를 올려주었다. 정종의 뒤를 이어 현종의 셋째 아들 제11대 임금 문종이 왕위에 올랐다. 문종도 현종 못지않게 해린을 끔찍이 아꼈다.

문종은 당시 73세였던 해린을 왕사로 추대한 후 어가를 같이 타고 다녔고, 비단옷과 그릇, 차를 대접하며 특별 대우했다.

2년 후(1058) 5월 19일 해린은 불교 최고봉인 국사가 되었다. 달도 차면 기우는 법. 9년 후 문종 21년(1067) 81세 해린은 임금에게 세 번이나 간청하여 개경 현화사를 떠나 고향인 원주 법천사로 하산했다.

문종은 태자로 하여금 신하를 데리고 남쪽 성문 밖까지 해린을 전송하게 하였고, 관원을 보내 원주 법천사까지 호송하게 하였다. 15세(998) 때 법천사를 떠난 소년 승려 해린이 불교 최고봉인 국사가 되어 금의환향한 것이다. 84세였다.

3년 후(1070) 10월 23일 밤 이슬비가 부슬부슬 내렸다. 고승 해린은 오른쪽으로 누워있다가 일어나 가부좌를 틀고 제자에게 물었다.

"바깥 날씨가 어떠한가?"

제자가 말했다.

"이슬비가 내리고 있습니다."

해린은 잠자리처럼 고요하게 입적했다. 세속 나이 87세, 불가 나이 72세였다. 문종은 법호를 지광이라 하였고, 소현에게 승탑과 승탑비 제작을 맡겼다.

15년 후 탑과 탑비가 완성되었다. 지광국사 탑(탑 이름 현묘)은 멀고 먼 길을 돌아 법천사 터로 돌아올 예정이다.

'해린 스님 오신다. 곧 오신다.' (《원주투데이》, 박종수의 원주문화유산 썰, '해린 스님과 지광국사 탑' 1, 2, 3, 4, 5 인용 편집)

한때 승려였던 현종은 지광국사 은인이었다. 지광국사가 당대 최고 승려가 될 수 있었던 것은 박학다식과 뛰어난 설법능력도 있었지만, 발탁해준 현종의 혜안이 없었더라면 고려 불교 역사에 발자취를 남기지 못했을 것이다. 지광국사는 불교 중흥기에 태어나 자신을 알아주는 국왕을 만나 타고난 능력을 마음껏 꽃피우며 87세까지 장수한, 복 받은 승려였다. 입적 후에도 화려한 승탑과 승탑비를 세워 천년 후까지 이름을 떨치게 되었으니 부처가 특별히 점지해준 승려가 아닌가 싶다. 스님도 때와 사람을 잘 만나야 한다. 스님도 '운칠기삼'이다.

참고문헌

《근원의 땅 원주 그림순례》, 이호신, 2017, 뜨란

《나의 문화유산 답사기(산사순례)》, 유홍준, 2018, 창비

《나의 문화유산 답사기 6권》, 유홍준, 2011, 창비

《나의 문화유산 답사기 8권(남한강편)》, 유홍준, 2015, 창비

《문화유산 알면 보이는 것들(서울편)》, 박혜진, 2019, 프로방스

《횡성 각림사와 태종의 강무행사 재조명》, 횡성문화원, 2019

《내 안의 역사》, 전우용, 2019, 푸른역사

《땅의 역사(272)》, 박종인, 조선일보(21. 9. 8.)

《땅의 역사(304)》, 박종인, 조선일보(22. 6. 8.)

《천년고도 원주의 길》, 2020, 원주문화원

《원주 얼과 함께하는 시간여행》, 2021, 원주 얼교육관

《원주의 지명유래(상, 중, 하)》, 2020, 원주역사박물관

《원주의 지명유래 강의》, 김은철(2021. 9. 1., 2023. 10. 25.)

《원주 산하에 인문학을 수놓다(1 · 2)》, 홍인희, 2022, 원주역사박물관

《원주 역사 시리즈 1(운곡 원천석)》, 최상익 · 김성찬, 2017, 원주시

《택리지》, 이중환, 2006, 을유문화사

《국역 운곡시사》, 2008, (사)운곡학회

《운곡 논총 제7집》, 2017, (사)운곡학회

《운곡 논총 제13집》, 2023, (사)운곡학회

《제12회 학술대회 원주의 얼과 인물연구》, 2011, (사)운곡학회

《원주 향토사 스토리텔링 발굴사업》, 2017, 원주문화원

《지방 지식인 원천석의 삶과 생각》, 이인재 엮음, 2007

《왕릉 가는 길》, 신정일, 2021, 쌤앤파커스

《한 권으로 읽는 조선왕조실록》, 박영규, 2017, 웅진지식하우스

《천년고도를 걷는 즐거움》, 이재호, 2005, 한겨레

《지적 대화를 위한 넓고 얕은 지식 1》, 채사장, 2020, 웨일북

《한국 불교사》, 정병삼, 2020, 푸른역사

《조선왕조실록(3)》, 이덕일, 2019, 다산초당

《조선왕조실록(5)》, 이덕일, 2022, 다산초당

《천재 허균》, 신정일, 2020, 상상출판사

《선종완 깊은 숲, 영란처럼 향기롭게》, 말씀의성모영보수녀회, 2014, 기쁜소식

《한 권으로 읽는 고려왕조실록》, 박영규, 2011, 웅진지식하우스

《고려시대사 2(사회와 문화)》, 이종서, 2017, 푸른역사

《장일순 평전》, 김삼웅, 2019, 두레

《새로 쓰는 동학기행(1)》, 채길순, 2012, 도서출판 모시는 사람들

《동학 백년(9) : 최시형의 사상과 고민》, 김용옥, 조선일보(93. 6. 1.)

《동학 폭발하다》, 김용삼, 2022, 백년동안

《동학사상사와 동학혁명》, 신일철 외 15인, 1984, 청아출판사

《조선 국왕의 일생》, 규장각, 한국학연구원, 2009, 글항아리

《조선왕은 어떻게 죽었을까?》, 정승호 · 김수민, 2021, 인물과 사상사

《조선의 숲은 왜 사라졌는가?》, 전영우, 2022, 조계종출판사

《아름다운 우리 절을 걷다》, 탁현규, 2021, 지식서재

《전봉준 혁명의 기록》, 이이화, 2014, 생각정원

《한국사 변혁을 꿈꾼 사람들》, 신정일, 2002, 이학사

《한국 근대 임업사》, 최병택, 2022, 푸른역사

《모과 옹두리에도 사연이》, 구상, 2002, 홍성사

《태종 조선의 길을 열다》, 이한우, 2005, 해냄출판사

《국역 매월당 전집》, 김시습, 2000, 강원도

《박종수의 문화유산 설》, 박종수, 원주투데이(2022. 12. 1.~ 12. 26.)

《강원도 원주 동학 농민혁명》, 동학학회, 2019, 도서출판 모시는 사람들

《고등학교 국사 교과서》, 교육인적자원부, 2006, 교학사

《황장목 금강소나무로 창씨 개명하다》, 김대중, 2022, 이야기담

《뜻으로 본 한국 역사》, 함석헌, 1975, 제일출판사

《방약합편》, 1989, 남산당

《단종의 비애 세종의 눈물》, 유동완, 2020, 한솜미디어

《한강, 그리고 임진강》, 이태호, 2023, 디자인 밈